TRAITÉ

D'ARITHMÉTIQUE

À L'USAGE DE L'ENSEIGNEMENT PRIMAIRE

PAR J. F. BECHET

CHEF D'INSTITUTION

DEUXIÈME ÉDITION

A PARIS

CANTEL, RUE HAUTEFEUILLE, 5.
HACHETTE, RUE PIERRE SARRAZIN.
MAGGARS, RUE STE-CROIX DE LA BRETONNERIE, 30.

CHEZ L'AUTEUR, MAITRE DE PENSION
Grande rue des Batignolles, 34.

1862

TRAITÉ

D'ARITHMÉTIQUE

Paris Imp. Moquet rue des Fosses-Saint-Jacques. 11.

TRAITÉ

D'ARITHMÉTIQUE

A L'USAGE DE L'ENSEIGNEMENT PRIMAIRE

PAR J. F. BECHET

CHEF D'INSTITUTION

DEUXIÈME ÉDITION

A PARIS.

CHEZ :
- CANTEL, RUE HAUTEFEUILLE, 5.
- HACHETTE, RUE PIERRE SARRAZIN.
- MAUGARS, RUE STE-CROIX DE LA BRETONNERIE, 30.

ET CHEZ L'AUTEUR, MAITRE DE PENSION
Grande rue des Batignolles, 34.

1862

Tout exemplaire non revêtu de la Signature de l'auteur sera réputé contrefait :

INTRODUCTION

1. L'arithmétique est la science des nombres.

2. On appelle quantité ce qui est susceptible d'augmentation ou de diminution. Ainsi 48 mètres est une quantité susceptible d'être augmentée ou diminuée.

3. On appelle unité une des choses que l'on compte ; si l'on compte des arbres, l'unité est un arbre ; si l'on compte des pommes, l'unité est une pomme, si l'on compte des litres, l'unité est un litre... Il y a donc autant d'espèces d'unités qu'il y a de choses qui peuvent être comptées.

4. On nomme *abstrait* un nombre dont l'espèce d'unité n'est pas déterminée.

Exemple : 85 est un nombre abstrait.

5. On nomme *concret* tout nombre dont l'unité est déterminée.

Exemple : 120 hommes, 50 chevaux, sont des nombres concrets.

CHAPITRE PREMIER

DE LA NUMÉRATION

6. Pour représenter les nombres, on se sert de caractères que l'on appelle chiffres ; ils sont au nombre de neuf. Les voici avec leur nom :

un,	deux,	trois,	quatre,	cinq,	six,	sept,	huit,	neuf.
1	2	3	4	5	6	7	8	9

Le signe 0, signifie *zéro*.

Un ajouté à lui-même se nomme 2 ; un ajouté à 2 se nomme 3 ; un ajouté à 3 se nomme 4... On va ainsi jusqu'à 9 en n'employant qu'un seul caractère.

Le nombre qui suit 9 s'appelle dix.

On compte par dizaines comme on compte par unités ; car si l'on dit : je possède un, deux, trois, quatre... neuf francs, on peut dire de même : je possède une dizaine, deux dizaines, trois dizaines, quatre dizaines... neuf dizaines de francs.

Pour représenter les dizaines, on se sert des mêmes caractères que pour les unités, seulement, au lieu de 1 dizaine, 2 dizaines, 3 dizaines... 9 dizaines, on substitue 0 au mot dizaine, c'est-à-dire que les dizaines se représentent au moyen des neuf chiffres suivis chacun d'un zéro, et les dizaines s'écrivent et se prononcent ainsi :

dix, vingt, trente, quarante, cinquante, soixante, soixante-dix.
10   20   30   40   50   60   70

quatre-vingts, quatre-vingt-dix.
80   90

Mais entre une et deux dizaines... il y a des nombres intermédiaires, tels que dix et un, dix et deux, dix et trois... dix et neuf. Ces nombres sont également représentés par un des neuf chiffres que l'on met à la place du zéro, et l'on a :

onze, douze, treize, quatorze, quinze, seize, dix-sept,
11   12   13   14   15   16   17

dix-huit, dix-neuf, vingt-un, vingt-deux, etc.,
18   19   21   22

ce qui conduit jusqu'à quatre-vingt-dix-neuf en
                        99

employant deux chiffres seulement pour chaque nombre à partir de dix.

On nomme *cent* le nombre qui suit 99. On représente aussi les centaines au moyen des neuf chiffres ; mais à la place du mot *centaine* on écrit deux zéros ; ainsi, au lieu de une centaine, deux centaines... etc., on écrit 100, 200, 300... 900.

La manière dont on représente les quantités intermédiaires entre les dizaines, sert aussi à représenter ces mêmes quantités entre une et deux centaines, entre deux et trois centaines ; c'est-à-dire que l'on remplace les zéros convenablement par un des neuf chiffres, et au moyen de trois chiffres on va ainsi jusqu'à 999. Le nombre qui suit se nomme *mille*.

On compte par mille comme on compte par unités ; ainsi on peut dire : je possède un mille, deux mille… 9 mille, etc. Viennent ensuite les dizaines de mille, les centaines de mille.

Les nombres intermédiaires entre une dizaine et deux dizaines, entre une centaine et deux centaines, etc., de mille, se représentent au moyen d'un ou de plusieurs des neuf chiffres, comme il est dit pour représenter les nombres intermédiaires entre deux dizaines, etc., d'unités.

Le nombre qui suit 999999 s'appelle million. Viennent ensuite les dizaines de millions, les centaines de millions, et l'on va ainsi avec neuf chiffres jusqu'à 999999999. La tranche qui précède comprend les billions ou milliards. On nomme trillions celle qui précède les billions, puis quatrillions, quintillions, etc.

7. Pour lire un nombre écrit en chiffres, il faut d'abord le partager par tranches de trois chiffres, de droite à gauche. La tranche de droite contient les unités simples, les dizaines et les centaines ; la deuxième comprend les unités, les dizaines et les centaines de mille ; la troisième, les unités, les dizaines et les centaines de millions, etc.

Exemple : Le nombre 41,742,835,487,945 ; je lis, après l'avoir partagé par tranches de trois chiffres par la pensée ou par des virgules ; quarante-un trillions, sept cent quarante-deux billions, huit cent trente-cinq millions, quatre cent quatre-vingt-sept mille, neuf cent quarante-cinq unités.

Il faut remarquer que chaque tranche contient trois chiffres, excepté la première de gauche qui peut n'en avoir qu'un ou deux, comme dans l'exemple ci-dessus,

Il est essentiel aussi de savoir que le premier chiffre de droite, dans chaque tranche, représente les unités, le premier de gauche, les centaines, et celui du milieu, les dizaines.

8. Pour écrire un nombre en chiffres, il faut commencer par la tranche qui occupe le rang le plus élevé dans le nombre dicté, et ainsi de suite jusqu'au dernier rang des unités. Si une ou plusieurs espèces d'unités manquent, on les remplace par des zéros, observant de placer chaque zéro au même rang qu'occuperait l'espèce d'unité ainsi remplacée.

Si une ou plusieurs tranches manquent, on remplace chaque tranche par trois zéros.

Exemple : Ecrire en chiffres le nombre huit billions, quinze millions cinq cent quatre-vingt mille sept cent trois unités.

J'écris d'abord les billions qui occupent le rang le plus élevé, ensuite les millions, etc., et j'ai : 8015580703.

On voit que dans ce nombre les centaines de millions manquent, les unités de mille et les dizaines d'unités, et que ces différentes espèces d'unités sont remplacées, selon leur rang, chacune par un zéro.

Autre exemple : Ecrire en chiffres dix-huit trillions quatre cent dix mille unités.

18000000410000

On voit par l'exemple ci-dessus que la tranche de billions, celle des millions et celle des unités manquent, et qu'au rang de chacune de ces tranches il y a trois zéros.

Quant à la valeur de chaque chiffre, elle est absolue ou relative : elle est absolue quand le chiffre est pris séparément tel que 9 francs, 5 pommes : elle est relative quand elle dépend du rang qu'occupe le chiffre dans un nombre composé de plusieurs chiffres.

Dans ce nombre 6666, on voit le chiffre 6 avec 4 valeurs différentes. Le premier à droite représente les unités simples, c'est sa valeur absolue ; le second représente 6 dizaines, c'est-à-dire 6 unités d'un ordre dix fois plus grand que les unités simples, le troisième représente 6 centaines, ou des unités d'un ordre dix fois plus grand que les dizaines, cent fois plus grand que les unités ; le quatrième représente des mille, c'est-à-dire des unités d'un ordre dix fois plus grand que les centaines, cent fois plus grand que les dizaines, mille fois plus grand que les unités. Voilà leur valeur relative.

9. Le principe de la numération repose sur ceci : que tout chiffre placé à la droite d'un autre vaut dix fois moins que s'il était à la place de cet autre ; et que tout chiffre placé à la gauche d'un autre vaut dix fois plus que s'il était à la place de cet autre.

Démonstration : Supposons 8456. Je dis que le 6 étant à la droite du 5 vaut dix fois moins que s'il était à la place de ce 5 ; le 5, qui est à la gauche du 6, vaut dix fois plus que s'il était à la place du 6, le 4, qui est à la gauche du 5, vaut dix fois plus que s'il était à la place du 5, et dix fois moins que s'il était à la place du 8.

10. SIGNES ABRÉVIATIFS.

= signifie égale, 8 plus $4 = 12$.

— signifie moins, $9 - 4 = 5$.

+ signifie plus, $9 + 4 = 13$.

$\times$ signifie multiplié par 9, $\times 4 = 36$.

: signifie divisé par. $12 : 4 = 3$.

On indique encore la division en plaçant le deuxième nombre sous le premier, et en les séparant par une ligne $\dfrac{12}{3} = 4$

> signifie plus grand que, $9 > 4$.

< signifie plus petit que, $4 < 9$.

L'ouverture de ce signe est toujours tournée vers la partie la plus grande.

$\sqrt{}$ signifie racine carrée ou deuxième.

$\sqrt[3]{}$ signifie racine cubique ou racine troisième.

( ) Les deux crochets indiquent qu'il faut faire la solution de ce qu'ils renfermeut avant de multiplier ou de diviser par ce qui précède ou par ce qui suit :

$$18 : (7-4) = 6 ; \quad 18 \times (7-4) = 54.$$

$$(18-9) \times (7-4) = 27$$

CHAPITRE II

DES QUATRE RÈGLES DE L'ARITHMÉTIQUE APPLIQUÉES AUX NOMBRES ENTIERS.

De l'addition.

11. L'addition est une opération de calcul par laquelle on réunit plusieurs quantités de même espèce en une seule. Le résultat se nomme somme ou total.

Exemple : Soit proposé d'ajouter 18580 f. + 7518 f. + 47649 f. + 75187 f. + 43818 f.

D'abord j'écris ces sommes les unes sous les autres, de manière que les unités de même espèce soient dans la même colonne. J'additionne la première colonne de droite :

```
    18580
     7518
    47649
    75187
    43518
   ------
   192452
preuve 32230
```

8 et 9 font 17, et 7 font 24, et 8 font 32 ; ce nombre est composé de trois dizaines et de deux unités, j'écris les deux unités sous la colonne des unités, ensuite passant à la colonne des dizaines, j'ajoute à cette colonne les 3 dizaines, résultat de la colonne des unités : 3 et 8 font 11 et 1 font 12, et 4 font 16, et 8 font 24, et 1 font 25. Ce nombre renferme 2 centaines et 5 dizaines. J'écris les 5 dizaines sous la colonne des dizaines, et je reporte les 2 centaines à la colonne des centaines ; 2 et 5 font 7, et 5 font 12, et 6 font 18, et 1 font 19, et 5 font 24 ; ce qui fait 24 centaines, nombre composé de 2 mille et

de 4 centaines. J'écris 4 sous la colonne des centaines et je reporte 2 à la colonne des mille : 2 et 8 font 10, et 7 font 17, et 7 font 24, et 5 font 29, et 3 font 32, nombre composé de 2 mille et de 3 dizaines de mille. J'écris 2 sous la colonne des mille, et je reporte 3 à la colonne des dizaines de mille ; 3 et 1 font 4, et 4 font 8, et 7 font 15, et 4 font 19 ; ce qui donne 19 dizaines de mille que j'écris à gauche des mille. J'obtiens ainsi 192452. Cette somme est égale aux cinq précédentes, puisqu'elle se compose de leurs unités, de leurs dizaines, de leurs centaines... etc.

DE LA SOUSTRACTION.

12. La soustraction est une opération par laquelle deux quantités étant données, on se propose d'en trouver une troisième qui, réunie à la moindre des deux données reproduit la plus grande.

Ou bien : c'est une opération par laquelle deux nombres étant donnés, l'un plus petit, l'autre plus grand, on retranche le plus petit du plus grand pour connaître la différence.

Exemple.

13. Soit proposé de déterminer la différence des deux quantités 7893654 et 3581323.

Pour cela je place la plus petite somme, que l'on appelle somme inférieure, sous la plus grande que l'on appelle somme inférieure. En suite j'opère ainsi : je retranche les unités de la somme inférieure des unités de la somme supérieure, puis les dizaines des dizaines, les cen

taines des centaines... etc., en disant, 3 ôtez de
4 reste 1 ; 2 ôtez de 5 reste 5 ; 3 ôtez de 6 reste
3 ; 1 ôtez de 3 reste 2 ; 8 ôtez de 9
reste 1 ; 5 ôtez de 8 reste 3 ; et 3 ôtez
de 7 reste 4.

On voit dans cet exemple que tous les chiffres
de la somme inférieure ont une valeur moindre
que leurs correspondants de la somme supérieure.
Mais il peut se présenter trois autres cas.

1° Un chiffre de la somme inférieure peut égaler son correspondant de la somme supérieure ;
alors on écrit un zéro à la différence.

2° S'il y a un zéro à la somme inférieure, on
écrit à la différence son correspondant de la
somme supérieure.

3° Un chiffre de la somme inférieure peut être
plus grand que son correspondant de la somme
supérieure ; dans ce cas on augmente celui de la
somme inférieure d'une dizaine ; puis on retranche, ensuite on reporte la même quantité, c'est-
à-dire une dizaine, sur le chiffre de gauche de la
somme inférieure, alors il y a compensation ;
car deux nombres, augmentés chacun d'une
quantité égale, conservent toujours entre eux la
même différence. En effet, la différence de 3 à 7
est 4. Si j'augmente 3 d'une dizaine, j'ai 13, et si
j'augmente 7 d'une dizaine j'ai 17. Or, la différence de 13 à 17 est 4, la même qu'entre 3 et 7.

Voici un exemple où se trouvent réunis les
trois cas dont il est parlé ci-dessus.

Soit proposé de trouver la différence entre
25654398 et 12729048.

25654398	somme supérieure
12729048	somme inférieure
12925350	reste, excès, différence.
25654398	preuve.

J'opère ainsi : Les deux chiffres d'unités étant égaux, j'écris 0 à la différence. Passant aux dizaines, 4 ôtez de 9, reste 5 ; les centaines de la somme inférieure sont représentées par 0, j'écris son correspondant à la différence. Le chiffre des mille de la somme inférieure étant plus grand que son correspondant de la somme supérieure, j'augmente celui-ci d'une dizaine, et alors 9 ôtez de 14 reste 5 ; je reporte cette dizaine de mille, dont j'ai augmenté la somme supérieure, sur les dizaines de mille de la somme inférieure, 3 ôtez de 5 reste 2, puis 7 ôtez de 16, reste 9 ; je reporte 1 sur le chiffre de gauche de la somme inférieure, ce qui fait 3 que je retranche de 5 reste 2, et enfin 1 ôtez de 2 reste 1. Cette opération fait connaître que la différence entre

25654398 et 12729048 égale 12925350.

Preuve.

La preuve d'une opération est une seconde opération qui fait connaître si des erreurs ont été commises dans la première.

Preuve de l'addition.

14. On peut se servir des deux procédés suivants pour faire la preuve de l'addition.

1° D'abord je suppose que l'on ait commencé par le haut l'addition de chaque colonne; pour la preuve on commencera cette addition par le bas. On conçoit qu'il est difficile que de cette manière on commette deux fois la même erreur.

2° Le second procédé consiste à commencer l'addition par la gauche, et à retrancher la somme obtenue de la quantité des mêmes unités au total (voir à l'addition) de cette manière 1 et 4 font 5, et 7 font 12, et 4 font 16, ôtez de 19 reste 3. Ensuite, 8 et 7 font 15, et 7 font 22, et 5 font 27, et 3 font 30, ôtez de 32, reste 2. Puis 5 et 5 font 10 et 6 font 16, et 1 font 17, et 5 font 22, ôtez de 24, reste 2. 8 et 1 font 9, et 4 font 13, et 8 font 21, et 1 font 22, ôtez de 25, reste 3. Et enfin, 8 et 9 font 17 et 7 font 24, et 8 font 32, ôtez de 32, reste 0. Lorsque arrivé à la dernière colonne de droite, on obtient 0 pour reste, l'opération est juste.

La preuve par 9 est applicable aux quatre opérations de l'arithmétique. Nous parlerons de cette manière de faire la preuve à la fin de ce chapitre.

Preuve de la soustraction.

15. On conçoit facilement qu'à deux quantités inégales, si l'on ajoute à la plus petite leur différence, ces deux quantités seront égales. Il suffit donc, pour faire la preuve de la soustraction, d'ajouter à la somme inférieure la différence obtenue, et si l'addition donne une quantité égale à la somme supérieure, l'opération est juste.

Dans l'exemple ci-dessus, (soustraction). Si j'ajoute la somme inférieure 12729048 à la différence 12925360, j'aurai 25654398, quantité égale à la somme supérieure, donc l'opération est juste.

*Problêmes sur l'addition et la soustraction des
nombres entiers.*

1. Il y a dans une ville cinq écoles de garçons.
Dans l'une il y a 158 élèves, dans une autre 203,
dans une 3ᵉ 95, dans une 4ᵉ 118 et dans la 5ᵉ 72.
Les écoles de filles comptent 725 élèves. Combien y a-t-il d'élèves garçons et quelle est la différence des élèves des deux sexes?

2. Une personne a donné sur ce qu'elle devait
un premier à compte de 728 fr., un 2ᵉ de 1085 fr.
Combien devait-elle?

3. Un commerçant achète de la marchandise
pour 7108 fr. qu'il revend ensuite 8057 fr. Combien a-t-il gagné?

4. Une coupe de bois que l'on a payée 18580 fr.
a été recédée pour 16920 fr. Combien le premier
acquéreur a-t-il perdu?

5. Un marchand achète 185 hectolitres de blé
à un cultivateur, 135 hectol. à un autre, 87 hect.
à un 3ᵉ et à un 4ᵐᵉ 200 hect. Il revend une 1ʳᵉ fois
160 hectol. une 2ᵉ fois 180. Combien d'hectolitres lui reste-t-il?

6. Deux associés ont, le premier une mise de
10804 fr. le 2ᵉ une mise de 7928 fr. Que faut-il
que fasse le second pour que sa mise soit égale
à celle du premier?

7. Un ouvrier a fait un premier jour 148 mèt.
d'un certain ouvrage, un deuxième jour 108 m.
un troisième jour 205 m., un quatrième jour 96
mètres. Il lui reste à faire pour terminer son travail 415 mètres. Combien avait-il de mètres à
faire?

8. Dans les 6 premiers mois de l'année une maison de commerce a gagné 16808 fr. et dans les 6 derniers mois, 11420 fr. Les frais se sont élevés à la somme de 19850. Quel est son bénéfice net ?

9. Deux troupes d'ouvriers ont entrepris un ouvrage de 5750 mètres. L'une des troupes a déjà fait 1425 m., l'autre 1880 m. Combien reste-t-il de mètres à faire?

10. Le 1er âge du monde comprend 1656 ans, le 2me 426, le 3me 430, le 4me 479, le 5me 476, et le 6e compte déjà 1861 ans. Combien y a-t-il d'années d'écoulées depuis la création du monde?

11. De combien 71847093 surpasse-t-il 69108475?

12. Une maison est louée 7815 fr. Le locataire a donné un 1er à compte de 1950 fr., un 2e de 718 fr., un 3e de 3187 fr. et un 4e de 728 fr. Combien redoit-il ?

13. Un cultivateur avait 8117 ares de terres à labourer; il en a déjà labouré 5918 ares. Combien lui reste-t-il à labourer?

14. Un homme possède trois sacs d'argent : il y a dans le 1er 5995 fr., dans le 2e 3915 fr., et dans le 3$_{e}$ 1085 fr. Ce même homme doit 6592 fr. Combien lui restera-t-il après avoir payé ?

15. La veille d'une bataille une armée était composée de 86580 hommes, 10875 hommes ont été tués ou blessés ou faits prisonniers. Combien cette armée compte-t-elle encore d'hommes?

16. Un général, avant d'entrer en campagne avait une armée de 65000 hommes; mais pendant la guerre 2045 hommes ont déserté, 2850 ont été faits prisonniers, 4565 ont été tués; 10438 ont

été blessés et ne sont plus en état de porter les armes. D'un autre côté, il a reçu trois renforts différents, le 1 de 5400 hommes, le second de 2865, le 3e de 4770. Combien a-t-il d'hommes maintenant sous les armes.

17. Un caissier avait 28977 fr.; mais depuis il a fait trois paiements différents ; l'un de 4925 fr. un autre de 2857 et le 3e de 5927 fr. Combien lui reste-t-il en caisse?

18. Quel nombre faut-il ajouter à 18519 pour que la somme fasse 29815 ?

19. Un marchand achète des marchandises pour 19228, et il paie 7870 fr. Combien redoit-il?

20. Il reste à un marchand 1185 mètres de drap noir, 725 mètres de drap bleu, 484 mètres de drap gris et 119 mètres de drap couleur garance. Combien lui reste-t-il de mètres en tout?

21. Trois personnes s'associent pour faire mouvoir une usine, la première apporte pour former le fonds social 10700 fr. la 2e 7384 fr. Que doit apporter la 3e pour avoir autant que les deux autres, moins 1490 fr.?

22. Un ouvrier a placé à la caisse d'épargne une première fois 275 fr., une 2e fois 418, une 3e 158, une 4e 216 fr., et une 5e 1096 fr. Quelle somme a-t-il à la caisse d'épargne?

23. Un entrepreneur emploie 6 ouvriers. Il doit au 1er 477 fr., au 2e 168, au 3e 147 fr., au 4e 109 fr., au 5e 98 fr. et au 6e 84 fr. Quelle somme lui faut-il pour payer ses 6 ouvriers?

24. Une personne devait 1916 fr., et elle a déjà payé 1485 fr. Combien redoit-elle?

25. Un marchand avait une pièce de drap qui contenait 107 m.; une première fois il en a vendu

14 mètres, une 2e fois 16 m., une 3e fois 28 mètres. Combien lui reste-t-il de cette pièce?

26. Une personne porte une 1re fois à la caisse d'épargne 195 fr. une deuxième fois 216 fr. Quelque temps plus tard elle retire 245 fr. Combien la caisse d'épargne lui redoit-elle?

27. La population d'un département était au 1er janvier 1860 de 785815 âmes. Il est né dans le courant de l'année 5148 garçons et 4965 filles; mais 8075 personnes sont mortes. De combien est la population de ce département au 1er janvier 1861?

28. Le thermomètre marquait le 15 janvier 8 degrés au-dessous de zéro. Le 27 juillet il marquait 33 degrés au dessous de zéro. Quelle est la différence de ces deux températures?

29. Une personne doit 285 fr. et elle ne possède que 197 fr. Combien lui manque-t-il pour se libérer?

30. Les élèves d'une pension sont distribués dans 5 classes : dans la 1re 48, dans la 2e 46, dans la 3e 54, dans la 4e 60, dans la 5e 37. Combien cette pension compte-t-elle d'élèves?

31. Un père partage une partie de son bien à ses trois enfants. Il donne à l'aîné 9725 fr., au cadet, 7800 fr., et au dernier 6920 ; sa fortune était de 50800 fr. Combien reste-t-il au père après ce partage?

32. Un fermier vend une voiture d'avoine 425 francs pour payer différentes dettes; au charron 125 fr. au maréchal, 67 f., à un domestique 108 f. Combien lui reste-t-il après avoir payé?

33. Un département compte 5 arrondissements : le 1er compte 143580 habitants, le 2me

108588, le 3e 135085, le 4e 72857. et le 5e 64295. Quelle est la population de ce département ?

34. Un débiteur paie à son créancier 785 fr. pour 1er à compte sur sa dette, pour 2e à compte 1718 fr., il devait 2950 fr. Combien redoit-il ?

35. Un régiment comptait 2750 hommes avant le combat, après le combat ce nombre n'est plus que de 2185 hommes. Quelle est la perte qu'a éprouvée ce régiment ?

36. Une personne s'est mariée à 23 ans. Elle est morte en 1860 après 45 ans de mariage. En quelle année est-elle née ?

37. Un ouvrier a gagné une 1re semaine 48 fr. une 2e 51, une 3e 37, une 4e 65. Sa dépense s'est élevée pendant ces quatre semaines à 148 francs. Combien lui reste-t-il ?

38. Un voyageur avait 109 lieues à parcourir. Le 1er jour il a fait 12 lieues, le 2e 11 lieues, le 3e 9 lieues, le 4e 13 lieues, le 5e 14 lieues. Combien de chemin lui reste-t-il à parcourir ?

39. Un commerçant avait ce matin dans sa caisse 18725 fr., mais il a payé 3 billets, l'un de 745 fr. un autre de 1500 fr. et le 3e de 2480 fr. Quelle somme doit-il rester dans sa caisse ?

40. Il y avait au dernier marché de Sceaux 3725 têtes de bétail. Il en a été vendu 2880. Quel est le nombre qui n'a pas été vendu ?

41. De deux associés, le 1er a mis 186508 fr. le 2e n'a mis que 107915 fr. Que doit faire celui-ci pour que sa mise soit égale à celle du premier ?

42. Un commerçant reçoit des marchandises pour 7925 fr. Il donne en paiement un billet de 1850 fr. un autre 2000 fr. un 3e de 2500. Que doit-il ajouter en espèces pour solder entièrement sa facture ?

43. Une personne doit au boulanger 54 fr. au boucher 43 fr., à l'épicier 28 fr., au cordonnier 48 fr., au tailleur 155 fr. Quelle somme lui est nécessaire pour payer ses dettes ?

44. Une personne a acheté une coupe de bois pour 85720 fr. Elle a payé pour frais d'exploitation 3985 fr. Elle a retiré de cette coupe de bois 100826 fr. Quel est son bénéfice ?

45. Ecrire en lettres 74080005954.

46. Ecrire en chiffres quatre billions, huit millions, quatre-vingt, cinq mille, sept unités.

47. Une succession se compose de deux propriétés ; l'une vaut 158725 fr. l'autre 95908 fr. Quelle est la différence de valeur de ces deux propriétés, et quel est le montant de la succession ?

48. Une cuve contient 4756 litres de vin. On a déjà rempli 5 tonneaux ; le 1er contient 458 litres, le 2e 735 litres, le 3e 648 litres, le 4e 580 litres, et le 5e 460 litres. Combien reste-t-il de litres de vin dans cette cuve ?

49. Un cultivateur avait 187 hectares de terre à labourer ; mais il en laisse en jachère 38 hectares, et il en a déjà labouré 119 hectares. Combien d'hectares lui reste-t-il à labourer ?

50. Un capitaine de navire compte faire le trajet du Havre à Canton en 185 jours. Il est parti le 1er mars. Quel jour arrivera-t-il à Canton ?

DE LA MULTIPLICATION.

16. La multiplication est un abrégé de l'addi-

tion. En effet, si j'ai le même nombre à répéter plusieurs fois, 238, par exemple, à répéter 6 fois. Je puis écrire ce nombre 6 fois, en plaçant ces sommes les unes sous les autres, puis additionner, j'aurai pour résultat 1428.

Mais si je remarque la manière dont ce nombre a été obtenu, je vois que les unités ont été répétées 6 fois. Je puis donc obtenir le résultat de cette manière : 6 fois 8 font 48, je pose 8 et je reporte 4, ensuite, 6 fois 3 font 18 et 4 font 22,

$$\begin{array}{r} 238 \\ 6 \\ \hline 1428 \end{array}$$

je pose 2 et je reporte 2; puis 6 fois 2 font 12 et 2 font 14, j'écris 14, et alors j'obtiens 1428, résultat égal au précédent.

Définitions.

17. 1° La multiplication est une opération de calcul par laquelle, au moyen de deux nombres donnés, on en cherche un troisième qui se compose de l'un des deux nombres donnés de la même manière que l'autre se compose avec l'unité.

Le *résultat* se nomme *produit*.

Exemple. Si je fais le produit de 7 par 5, j'obtiens 35. Ce nombre se compose d'autant de fois 5 que 7 se compose de fois 1.

18. 2° La multiplication est une opération de calcul par laquelle on répète un nombre appelé multiplicande autant de fois qu'il y a d'unités dans un autre nombre appelé multiplicateur. Le résultat se nomme *produit*.

Le multiplicande et le nombre à répéter; le multiplicateur est le nombre par lequel on répète. Ensemble ils sont appelés les facteurs du produit.

Avant d'entreprendre la multiplication et la division, il importe de bien connaître la table de multiplication.

Table de Multiplication.

2 fois 2 font 4		5 fois 5 font 25
2 fois 3 font 6		5 fois 6 font 30
2 fois 4 font 8		5 fois 7 font 35
2 fois 5 font 10		5 fois 8 font 40
2 fois 6 font 12		5 fois 9 font 45
2 fois 7 font 14		5 fois 10 font 50
2 fois 8 font 16		
2 fois 9 font 18		6 fois 6 font 36
2 fois 10 font 20		6 fois 7 font 42
		6 fois 8 font 48
3 fois 3 font 9		6 fois 9 font 54
3 fois 4 font 12		6 fois 10 font 60
3 fois 5 font 15		
3 fois 6 font 18		7 fois 7 font 49
3 fois 7 font 21		7 fois 8 font 56
3 fois 8 font 24		7 fois 9 font 63
3 fois 9 font 27		7 fois 10 font 70
3 fois 10 font 30		
		8 fois 8 font 64
4 fois 4 font 16		8 fois 9 font 72
4 fois 5 font 20		8 fois 10 font 80
4 fois 6 font 24		
4 fois 7 font 28		9 fois 9 font 81
4 fois 8 font 32		9 fois 10 font 90
4 fois 9 font 36		
4 fois 10 font 40		10 fois 10 font 100

Exemple : Soit proposé de multiplier 4758 par 579.

Le nombre à répéter est 4758 : c'est le multiplicande ; le nombre par lequel on multiplie est 579 : c'est le multiplicateur.

Pour faire cette opération. je place les facteurs l'un sous l'autre, et je dis : 9 fois 8 font 72, j'écris 2 et je reporte 7 ; 9 fois 5 font 45 et 7 font 52, j'écris 2 et je reporte 5 ;
9 fois 7 font 63 et 5 font 68,

j'écris 8 et je reporte 6 ; 9 fois 4 font 36 et 6 font 42, j'écris 42. De cette manière

on voit que les unités, les dizaines, les centaines et les mille du multiplicande ont été répétés 9 fois, Donc le multiplicande tout entier a été répété 9 fois. Ensuite je fais le produit du multiplicande par les dizaines du multiplicateur : 7 fois 8 font 56 ; mais on remarquera que le produit d'unités par des dizaines donne des dizaines ; or, au lieu d'écrire 6 sous les unités, je l'écris sous les dizaines, et je reporte 5 ; 7 fois 5 font 35, et 5 font 40, j'écris 0, et je reporte 4 ; 7 fois 7 font 49, et 4 font 53, j'écris 3 et je reporte 5 ; 7 fois 4 font 28 et 5 font 33, j'écris 33. On voit par cette deuxième opération que les unités, les dizaines... etc., du multiplicande ont été répétées 70 fois. Puis je fais le produit du multiplicande par les centaines du multiplicateur ; mais des unités multipliées par des centaines donnent des centaines. Je continue : 5 fois 8 font 40, j'écris 0 sous les centaines et je reporte 4 ; 5 fois 5 font 25 et 4 font 29, j'écris 9 et je reporte 2 ; 5 fois 7 font

$$
\begin{array}{r}
4758 \\
579 \\
\hline
42822 \\
33306 \\
23790 \\
\hline
2754882
\end{array}
$$

5 et 2 font 37, j'écris 7 et je reporte 3 ; 3 fois 4
tfont 20 et 3 font 23, j'écris 23. J'ai de la sorte
rois produits partiels ; produit des unités 42822,
produit des dizaines 333060, produit des centaines 2379000.

Réunissant ces trois produits, j'ai pour produit total 2754822.

REMARQUES.

19. *Première remarque*. Le produit est toujours composé d'unités de même espèce que le
multiplicande.

2ᵉ *Remarque*. Si le muliplicande renferme
des zéros, on écrit la quantité à reporter provenant du produit précédent ; s'il n'y a rien à
reporter, on écrit 0.

Exemple. Soit proposé de trouver le produit
de 74006 par 7.

Je dis, 7 fois 6 font 42 ; j'écris 2, et ⠀⠀⠀⠀74006
je reporte 4, que j'écris au second ⠀⠀⠀⠀⠀⠀7
rang, puisque le deuxième chiffre ⠀⠀⠀518042
du multiplicande est 0 ; j'écris 0 au troisième
rang, attendu qu'il n'y a rien à reporter ; passant au quatrième, je dis : 7 fois 4 font 28, j'écris
7 et je reporte 2 ; puis 7 fois 7 font 49, et 2 font
51, j'écris 51. Je reconnais que le produit
est 518042.

3ᵉ *Remarque*. Si le multiplicateur renferme
des zéros, on les passe ; car zéro ne multiplie pas.

Exemple : Soit proposé de trouver le produit
de 2747 par 4005.

Pour faire cette opération, je dis : 5 fois 7
font 35 (voir pour la multiplication n° 18) ; passant ensuite les deux zéros, je dis : 4 fois 7

font 28 ; j'écris 8, ayant soin de le placer au rang des mille, attendu que des unités multipliées par des mille donnent des mille pour produit.

4e Remarque. Si le multiplicande ou le multiplicateur, ou tous les deux, sont terminés par des zéros, on peut opérer sans en tenir compte ; seulement, il faut ajouter au produit autant de zéros qu'il y en a à la droite des deux facteurs.

Exemple.

Soit proposé de faire le produit de 746000 par 7400

En effet, si je supprime les trois zéros du multiplicande, je rends ce nombre mille fois plus petit, et si je supprime les deux zéros du multiplicateur, je le rends cent

$$
\begin{array}{r}
746000 \\
7400 \\
\hline
2984 \\
5122 \\
\hline
5420400000
\end{array}
$$

fois plus petit, mais mille répété cent fois donne des centaines de mille. Donc le produit 54204 est cent mille fois trop petit, je le rends cent mille fois plus grand en ajoutant cinq zéros à la suite, puisque le 4 devient des centaines de mille, et que chaque chiffre placé à sa gauche acquiert chacun une valeur cent mille fois plus grande. (*Voir la remarque suivante*).

5e Remarque. Pour multiplier un nombre par l'unité suivie de zéros, il faut ajouter à la suite de ce nombre autant de zéros qu'il y en a à la suite de l'unité.

Exemple : Soit proposé de multiplier 7543 par 1000; comme il y a trois zéros à la suite de l'unité, j'en ajoute trois à la suite de 7543, et j'ai 7543000. En effet, multiplier un nombre par mille, c'est le rendre mille fois plus grand. Or, dans l'exemple précédent, le 3, qui était des unités, est devenu des mille, et, par conséquent, mille fois plus grand ; mais les chiffres qui précèdent ce 3 ont tous acquis une valeur relative dix fois plus grande ; il est donc évident que le nombre lui-même est mille fois plus grand.

DE LA DIVISION.

20. La division est un abrégé de la soustraction. En effet, supposons 18 fr. à partager entre 6 personnes. Si je donne à chaque personne 1 franc, j'aurai diminué de 6 francs le nombre 18. En répétant cette opération une deuxième fois, je diminuerai le nombre restant, 12, de 6 ; une troisième distribution épuisera entièrement la somme à partager. Donc, trois soustractions successives suffisent pour faire ce partage.

DÉFINITIONS.

21. 1° La division est une opération par laquelle on cherche combien un nombre appelé dividende contient de fois un autre nombre appelé diviseur.

2° La division est une opération qui a pour but, connaissant un produit et l'un des facteurs, de faire connaître l'autre facteur.

Exemple : Connaissant le produit 2754882 et 579, l'un des facteurs, on propose de trouver l'autre facteur.

Il est nécessaire, avant de passer à l'exécution, de faire remarquer que les trois termes principaux de la multiplication, le produit et les

deux facteurs, sont communs à la division ; seulement, on nomme le produit dividende, le multiplicateur diviseur, et le multiplicande quotient.

Pour faire cette division je place le dividende
diviseur sur la même ligne, de cette manière :
sur la gauche du dividende, je sépare par une virgule ou par la pensée un nombre de chiffres pouvant contenir le diviseur au moins 1 fois et au plus 9. Je vois que ce nombre de chiffres est de 4. Je cherche combien 2754

$$\begin{array}{r|l}
2754882 & 579 \\
2316 & \overline{4758} \\ \hline
4388 \\
4053 \\ \hline
3358 \\
2895 \\ \hline
4632 \\
4632 \\ \hline
\end{array}$$

contient de fois le diviseur 579, il le contient 4
fois. J'écris 4 sous le diviseur ; je fais le produit
du diviseur par 4, je trouve 2316 que je retranche de 2754, reste 438 ; à côté de ce reste, j'écris
8, chiffre qui suit le dernier du premier dividende
partiel, ensuite je cherche combien ce deuxième
dividende contient de fois le diviseur, il le contient 7 fois ; j'écris 7 au quotient. Je fais le produit du diviseur par 7, et j'ai 4053. Retranchons
ce nombre de 4388, le reste est 335, à côté du-
quel j'écris 8, chiffre qui suit le dernier du second dividende partiel, puis je cherche combien
3358 contient de fois le diviseur ; il le contient 5
fois : j'écris ce chiffre au quotient, et je fais le
produit du diviseur par ce dernier chiffre, je
trouve 2895, retranchant de 3358, il reste 463.
Enfin j'écris à côté de ce reste le dernier chiffre
du dividende, je cherche combien de fois 4632
contient le diviseur, je vois qu'il le contient 8
fois, j'écris 8 au quotient : faisant le produit du

diviseur par 8 j'obtiens 4632, nombre égal au quatrième dividende partiel. Je conclus que le second facteur est 4758, et que 2774882 contient 4758 fois 579.

REMARQUES.

22. 1re *Remarque.* Le chiffre que l'on porte au quotient est toujours de même espèce que le dernier du dividende partiel qui l'a produit. En effet, dans l'exemple précédent, on voit que le dernier chiffre du dividende partiel 4 occu e le rang des mille ; le chiffre que je porte au quotient représente des mille ; de même, si je divise des centaines, le quotient sera des centaines..., etc.

2e *Remarque.* Il peut arriver qu'après avoir abaissé un chiffre à côté du reste, ce reste, augmenté de ce chiffre, ne contienne pas le diviseur ; alors, on écrit 0 au quotient, puis on abaisse un autre chiffre.

3e *Remarque.* On reconnaît que le chiffre porté au quotient est trop petit, quand, après avoir retranché le produit du diviseur par ce chiffre, le reste est plus grand que le diviseur. Ce chiffre est, au contraire, trop grand si le produit du diviseur par ce chiffre ne peut être retranché du dividende partiel.

32. *Manière d'abréger la division.*

Soit proposé, connaissant le produit 1780547 et l'un des facteurs 438, de trouver l'autre facteur.

```
Pour effectuer cette divi-   17805475 | 438
sion, je prends sur la gauche    02854 | 40651
du dividende 4 chiffres, nom-     2267        438
bre nécessaire pour contenir       775     325208
le diviseur, et au lieu de dire    337     121955
en 1780 combien de fois 438,               162604
je ne tiens compte momen-                     337
tanément que des centaines              17805475
```

du dividende partiel et des centaines du diviseur,
et je dis : en 17 combien de fois 4, il y a 4 fois.
J'écris 4 au quotient, ensuite je multiplie les unités du diviseur par 4, et je retranche le produit
des unités du dividende partiel, puis je multiplie
les dizaines que je retranche des dizaines, etc.,
de cette manière : 4 fois 8 font 32, de 0 je ne
puis retrancher, j'augmente d'autant de dizaines
qu'il est nécessaire le chiffre des unités du dividende partiel, de 4 par exemple, ensuite je retranche 32 de 40, il reste 8 ; puis 4 fois 3 font 12
et 4 que j'ai à reporter font 16, de 18 reste 2, et
4 fois 4 font 16 et un de report 17, de 17 reste 0.
J'abaisse 5, je vois que 285 ne contient pas 438,
j'écris 0 au quotient, puis j'abaisse 7. En 28 combien de fois 4, il y a 6 fois, j'écris 6 au quotient.
Je multiplie le diviseur par 6, 6 fois 8 font 48,
de 54 reste 6, je reporte 5, 6 fois 3 font 18 et 5
font 23, de 25 reste 2, et 6 fois 4 font 24 et 2 font
26, de 28 reste 2 ; j'abaisse 7 et je dis en 22 combien de fois 4, il y a 5 fois, que j'écris au quotient,
puis 5 fois 8 font 40, de 47 reste 7, 5 fois 3 font
15 et 4 font 19, de 26 reste 7, et 5 fois 4 font 20
et 2 font 22 de 22 reste 0. J'abaisse 5, en 7 combien de fois 4, il y a 1 fois ; j'écris 1 au quotient,

puis 1 fois 8, de 15 reste 7, et je reporte 1, une fois 3 et 1 font 4, de 7 reste 3, et 1 fois 4 de 7, reste 3.

24. Dans quel cas le quotient est-il complet?

Le quotient est complet lorsque la division se fait sans reste, comme dans le premier exemple, Dans le cas contraire il faut, pour le compléter, ajouter au quotient le reste de la division pour numérateur et le diviseur pour dénominateur (n° 23) et l'on a ainsi pour quotient complet

$$40651 + \frac{327}{438}$$

4e Remarque. Il peut arriver que le dividende et le diviseur soient terminés par des zéros, dans ce cas, pour abréger, on supprime autant de zéros au dividende qu'au diviseur, puis on opère sur les parties restantes.

Exemple.

Soit proposé de trouver le quotient de 18145000 par 3700.

$$
\begin{array}{c|c}
18145000 & 3700 \\
354 & \overline{4904} \\
0150 & \\
02 & \\
\end{array}
$$

Le quotient est $4905 + \dfrac{2}{37}$

25. *Preuve de la multiplication.*

On a vu (n° 20) que, quand on connaît un produit et l'un des facteurs, la division de ce produit par le facteur connu, donne pour résultat l'autre facteur. Or, en divisant le produit par l'un des facteurs, si l'on retrouve l'autre au quotient, et qu'on ait pour reste zéro, la multiplication est juste.

Preuve de la multiplication du n° 18.

$$
\begin{array}{r|l}
2754822 & 4758 \\
37588 & \overline{579} \\
42822 & \\
0000 & \\
\end{array}
$$

26.   *Preuve de la division.*

Pour faire la preuve de la division, il faut faire le produit du diviseur par le quotient, et trouver pour résultat le dividende.

En effet, le diviseur et le quotient sont les facteurs dont le dividende est le produit.

Remarque. S'il y a un reste à la division, il faut l'additionner avec le produit des facteurs. (Voir la division no 23).

27. *De la preuve par 9 appliquée aux quatre opérations de l'arithmétique.*

La preuve par 9 est basée sur ce principe: qu'il y a dans un nombre autant de fois qu'il y a de fois 10, plus autant d'unités que le nombre de fois 10 surpasse le nombre de fois 9.

Démonstration. Prenons pour exemple le nombre 28544. Dans ce nombre il y a 2854 fois 10 + 4; il y a aussi 2854 fois 9 plus 2854 + 4; mais dans 2854 + 4 ou 2858, il y a 285 fois 10 + 8; il y a également 285 fois 9, plus 285 + 8: et dans 285 + 8 ou 293, il y a 29 fois 10 + 3, et 29 fois 9 plus 29 + 3 ou 32; dans le nombre 32, il y a 3 fois 10 + 2, et aussi 3 fois 9 plus 3 + 2 ou 5. Donc après avoir retranché tous les 9 du nombre 26544, le reste égale 5. En effet, si j'additionne tous les chiffres qui forment ce nombre, j'aurai 2 et 8 font 10, ôtez 9, il reste 1 et 5 font 6 et 4 font 10, ôtez 9, il reste 1 et 4 font 5.

28. *Preuve par 9 appliquée à l'addition.*

Pour faire la preuve de	84151807	7
l'addition par 9, il faut	52864536	3
retrancher les 9 de toutes	83172948	6
les sommes que l'on a	47268095	5
réunies, et écrire les res-	41820758	8
tes à la suite de chacune	309278144	2|2

de ces sommes, comme dans l'exemple ci-dessus, ensuite ajouter tous ces restes, en retrancher les 9, s'il y a lieu, puis retrancher les 9 du total ; ce dernier reste doit égaler le précédent. Il en doit être ainsi, car le total égale toutes les autres sommes; donc il doit contenir à lui seul autant de de fois 9 que toutes les sommes dont il est composé.

29. *Preuve par 9 appliquée à la soustraction.*

Pour faire la preuve	23518630742	5
de la soustraction par	16849270486	1
9, il faut retrancher les	6669360256	
9 de la somme supé-		4
rieure et écrire le reste		1

à la suite de cette somme ; ensuite retrancher les 9 de la somme inférieure, puis de la différence. Ces deux derniers restes réunis doivent égaler le reste de la somme inférieure. En effet,

le reste de la soustraction ajouté à la somme in·
férieure donnent une somme égale à la somme
supérieure. Donc elles doivent contenir chacune
le même nombre de fois 9.

30. *Preuve par 9 appliquée à la Multiplication.*

Pour faire la preuve
de la multiplication
par 9, il faut retran-
cher tous les 9 du mul-
tiplicande, et écrire le
reste à droite ; ensuite
tous les 9 du multipli-

$$
\begin{array}{r}
Exemple. \\
7285 \\
368 \\
\hline
58280 \\
43710 \\
21855 \\
\hline
2680880
\end{array}
$$

cateur et écrire le reste sous le précédent, puis
faire le produit de ces deux restes dont on retranche les 9, s'il y a lieu, écrire ce reste à droite des
deux autres ; enfin retrancher les 9 du produit,
le reste doit être égal au prédédent. Il en doit
être ainsi, car le produit 2680880 n'est autre
chose que le total du nombre 7285 ajouté à lui-
même 368 fois, il doit donc contenir autant de
fois 9.

Cette manière de faire la preuve est très abré-
viative, mais elle n'est sûre qu'autant que les
chiffres du produit ont été placés convenablement, et qu'on n'a pas mis un 9 pour un zéro et
réciproquement.

31. *Preuve par 9 appliquée à la Division.*

La preuve par 9 de la division repose sur le
même principe que celle de la multiplication.
D'abord on additionne les chiffres du diviseur,
on retranche 9 à mesure qu'il s'y rencontre, et
on écrit le reste à droite ; ensuite on opère de la

même manière sur le quotient; on fait le produit des restes, et, après en avoir retranché les 9, on ajoute le reste à celui de la division, attendu que le reste de la division fait partie du quotient ; on écrit le reste à gauche, puis on ôte les 9 du dividende, ce qui reste doit égaler le reste précédent.

Exemple.

$$
\begin{array}{ll}
3 \quad 74257545 & \left|\begin{array}{l} 1736 \\ \hline 42775 \end{array}\right. \quad \begin{array}{l} 8 \\ 7 \end{array} \\
\quad\;\; 4817 & \\
\quad\;\; 13455 & \qquad\qquad 56 \\
\quad\;\;\; 13034 & \\
\quad\;\;\;\; 8825 & \\
3 \qquad 145 &
\end{array}
$$

L'opération est juste, puisque les restes de gauche sont égaux.

Problêmes sur la Multiplication et la Division des nombres entiers.

1er. Par quel nombre faut-il multiplier 7274 pour obtenir au produit 62185426 ?

2. Un régiment d'infanterie est composé de 3 bataillons, chaque bataillon compte 8 compagnies de chacune 120 hommes. De combien d'hommes se composent les 115 régiments d'infanterie qu'entretient la France ?

3. Un commerçant a reçu 18 pièces de drap de chacune 84 mètres, à raison de 16 francs. Quelle somme doit-il ?

4. Un marchand de chevaux en a acheté 2875 qu'il a payés 978150 fr. Il les vend à raison de 456 fr. Quel est son gain ?

5. Un marchand de vin fait entrer à Paris 187 pièces de 228 litres. Combien doit-il pour les droits d'entrée, sachant que pour un hectolitre il faut payer 20 fr. 35 c.

6. Un soldat qui rejoint son corps a 440 kilomètres à faire, et il lui est alloué 1 franc chaque 20 kilom. Combien doit-il recevoir en arrivant à son régiment ?

7. Quelle somme doit-on pour 275 pièces de vin de 228 litres à raison de 47 francs l'hectolitre ?

8. Quelle somme doit-on payer pour 219 pièces de drap de chacune 76 mètres, à 18 francs le mètre ?

9. Dans une année un fermier a vendu 5 chevaux à 285 fr. l'un, 12 bœufs à 184 fr., 187 moutons à 17 fr. Quelle somme a-t-il dû recevoir ?

10. Un marchand de vin a fourni à un épicier 5 pièces de vin à 95 fr. la pièce, et l'épicier a envoyé au marchand de vin 28 pains de sucre à raison de 13 fr. l'un. Lequel reste débiteur de l'autre, et combien redoit-il ?

11. On a payé 1620 fr. pour 96 mètres de drap. Quel est le prix du mètre ?

12. Un marchand de farine en a acheté 158 sacs pour 7925 fr. Combien faut-il qu'il vende le sac pour gagner 1780 fr ?

13. Par quel nombre faut-il multiplier 9725 pour trouver au produit 8519100 ?

14. Trois marchands se sont associés pour acheter du blé à 14 fr. l'hectolitre. Le 1er a 7816 fr., le 2e 10814 fr., le 3e 12900 fr. Combien

pourront-ils acheter d'hectolitres en réunissant leur argent en une seule somme ?

15. Une roue fait 425 tours par minute. Combien fait-elle de tours en 24 heures ?

16. On donne 17800 f. à 350 ouvriers pour faire un certain ouvrage. L'ouvrage terminé, combien chaque ouvrier devra-t-il recevoir ?

17. Un marchand fait venir de la Suisse 57 vaches qu'il paie 6820 fr. Il les garde 17 jours, et leur nourriture lui coûte par jour 65 fr. Une est morte le huitième jour. Combien doit-il vendre chaque vache s'il veut gagner sur le tout 1800 fr.

18. L'entretien des 458700 soldats que la France a sous les drapeaux coûte 181186500 fr. Quelle est la dépense pour chaque soldat.

19. Un voyageur comptait arriver à sa destination en cheminant 16 jours et faisant 7 lieues par jour ; mais il est parti cinq jours plus tard, combien doit-il faire de lieues par jour, pour arriver à sa destination le jour qu'il lui est prescrit ?

20. Un marchand de drap a acheté 175 mètres de cette marchandise pour 2925 fr. Il voudrait encore en acheter pour 7800 fr., mais 8 mètres de celui-ci coûteront autant que 10 mètres du premier. Combien aura-t-il de mètres ?

21. On brûle dans un calorifère pour 0 f. 75 c. de charbon de terre par heure. Combien dépensera-t-on pour l'alimenter pendant 128 jours, si on le tient allumé, terme moyen, 10 heures par jour ?

22. Un fabricant emploie 87 ouvriers qu'il paye à raison de 4 fr. par jour. Quelle somme lui

faut-il pour leur payer à chacun 28 jours de travail ?

23. Une roue fait 1860 tours par heure. Combien fait-elle de tours par minute ?

24? Avec 75 kilog. de fil on a fait 375 mètres de toile, combien de mètres fait-on avec un seul kilog. ?

25. Le pouls bat à peu près une fois par seconde, et on a compté 18 battements de pouls entre l'éclair et le coup de tonnerre. A quelle distance de nous s'est faite l'explosion, sachant que le son parcourt 337 mètres par seconde ?

26. Le poids spécifique de l'huile est 815 grammes. Combien de litres contient un baril qui renferme 285850 grammes d'huile?

27. On expédie à un commerçant 255 caisses de marchandises pour chacune desquelles il paie 47 francs. Quelle somme doit-il débourser ?

28. Par quel nombre faut-il diviser 47197728 pour obtenir au quotient 786 ?

29. Le chemin de fer de Paris à Vincennes a fait dans un jour 16 voyages. Chaque train se composait de 9 wagons dans chacun desquels il y avait 25 voyageurs. Combien de personnes ont été transportées de Paris à Vincennes par le chemin de fer?

30. Combien y a-t-il de jours dans 4060800 secondes?

31. Un commerçant achète 137 mètres de drap pour 1850 fr. Combien doit-il vendre le mètre pour gagner 616 francs?

32. Un oncle laisse à ses 5 neveux la moitié de sa fortune, et à ses trois nièces l'autre moitié.

Chaque nièce a 7325 fr. Quelle est la fortune de l'oncle et la part de chacun des neveux?

33. Un maître emploie 275 ouvriers qu'il paie à raison de 6 francs par jour. Quelle somme lui faut-il pour payer à chacun 28 jours de travail?

34. 16 associés ont acheté une coupe de bois pour 185900 f. Les frais d'exploitation se sont élevés à 18000 fr. Ils ont retiré de cette coupe 279300. Quel est le bénéfice de chacun?

35. Le volume du soleil est 1328460 fois celui de la terre, qui a elle-même un volume 49 fois plus considérable que celui de la lune? Combien de fois le volume du soleil vaut-il celui de la lune?

36. Une personne doit 30700 fr. et elle possède de revenu annuel 7800 fr. A combien doit-elle borner sa dépense journalière pour payer sa dette en 18 paiements égaux d'année en année?

37. Un cultivateur a 5 bœufs et 145 moutons qu'il veut vendre 5200 fr. Il vend les bœufs 228 fr. chacun. Quel est le prix de chaque mouton?

38. On ensemence sur le sol de la France 518490 hectares en froment; chaque hectare produit en moyenne 15 hectolitres, et le prix de l'hectolitre est de 18 fr. Quelle est la valeur de la récolte?

39. 48 hectolitres d'avoine pèsent 3870 kilogrammes. Quel est le poids de 5 hectolitres?

40. On a payé 2484 fr. à 18 ouvriers qui gagnaient chacun 6 fr. par jour. Combien ont-ils travaillé de jours?

41. Dans une bataille on a fait usage de 248 pièces de canons, chaque pièce a tiré en moyenne

27 coups. Combien a-t-il été lancé de boulets?

42. Il y a dans un arsenal 38 piles de boulets de chacune 6580; on veut les faire enlever en 55 voyages par 8 chariots. Combien chaque chariot doit-il emporter de boulets à chaque voyage?

43. On a employé pour construire un mur 15 mètres cubes de pierres à 16 fr. le mètre, 215 sacs de plâtre à 55 fr. le cent, et il a fallu que 6 ouvriers y travaillassent pendant 7 jours à 5 fr. par jour. Combien coûte cé mur?

44. On a acheté 475 chevaux pour monter un régiment de cavalerie qui ont coûté 206625. Quel est le prix de chaque cheval?

45. Un marchand de vin a payé 7440 fr. pour 48 pièces de vin. Quel est le prix de la pièce?

46. Un marchand de bois a reçu un bateau chargé de 185 stères qu'il paie 5145 fr. Il veut gagner sur le tout 1295 fr. Combien doit-il vendre le stère?

47. Un marchand de chevaux a reçu 120950 f. pour des chevaux qu'il a vendus à raison de 435 pièce. Quel est le prix de chaque cheval?

48. Un commis voyageur a 2400 fr. d'appointements par an, et 9 fr. par jour pour ses frais de voyage. Combien épargne-t-il annuellement s'il ne dépense que 11 fr. par jour?

49. Un ouvrier gagne 49 fr. en 8 jours. Quel est son gain annuel s'il travaille 508 jours par an?

50. L'année se compose de 365 jours 5 heures, 48 minutes, 48 secondes. Combien un siècle fait-il de secondes?

CHAPITRE III.

DES FRACTIONS DÉCIMALES.

32. On nomme fractions décimales, ou simplement décimales, des parties d'unités de dix en dix fois plus petites, si on les considère de gauche à droite, et de dix en dix fois plus grandes, de droite à gauche. On nomme nombre décimal un nombre composé d'unités et de décimales.

Le système des décimales repose sur celui de la numération. En effet, nous avons vu (n° 9) que tout chiffre placé à la droite d'un autre vaut dix fois moins que s'il était à la place de cet autre ; si donc à la droite de 45 unités, par exemple, je place 4, ce chiffre vaudra dix fois moins que s'il était à la place du 5 ; mais étant à la place du 5 ce serait 4 unités ; à la droite du 5 il vaut dix fois moins, ou quatre dixièmes d'unité ; et si à la droite du 4 j'écris 8, ce dernier chiffre aura une valeur dix fois moindre que s'il était à la place du 4, ou 8 dixièmes de dixième, ou 8 centièmes d'unité, puisque, relativement, il vaut cent fois moins que s'il était à la place des 5 unités ; si j'écris 6 à la droite des 8 centièmes, il vaudra dix fois moins que s'il était à la place du 8, ce sera donc des dixièmes de centième ou des millièmes d'unité, puisqu'il est mille fois plus petit que s'il était à la place des unités, etc.

33. On lit les décimales comme on lit les unités, en les divisant par tranches de trois chiffres, seulement, cette division s'effectue de gauche à droite.

Soit proposé de lire le nombre décimal :
7483054925135 unités 1840538436

Partant de la virgule qui sépare les unités des décimales, je divise par tranches de trois chiffres, puis je lis : sept trillions, quatre cent quatre-vingt-trois billions, cinquante-quatre millions, neuf cent-vingt-cinq mille, cent-trente-cinq unités, cent-quatre-vingt-quatre millièmes, cinquante-trois millionièmes, huit cent-quarante-trois billionièmes, six cents trillionièmes.

Première remarque. — Nous avons vu, au chapitre de la numération, que la première tranche de gauche des unités peut n'être pas complète; pour les décimales c'est le contraire, la tranche de droite peut ne contenir qu'un ou deux chiffres; mais de même que deux zéros en tête d'un nombre n'y ajoutent aucune valeur; des zéros à la droite des décimales ne changent pas non plus la valeur des décimales.

Deuxième remarque. — Il est facile, connaissant le nom de chaque tranche d'un nombre entier, de connaître aussi le nom de chaque tranche des décimales; car à gauche des unités viennent les mille, à droite des unités viennent les millièmes, à gauche des mille viennent les millions, à droite des millièmes viennent les millionièmes, etc. On voit que pour cela il suffit d'ajouter au nom de la tranche des unités la terminaison *ième* à la tranche correspondante des décimales; et pour connaître la dénomination de chaque chiffre décimal, il suffit d'ajouter également la terminaison *ième* au nom du chiffre correspondant du nombre entier; ainsi, le chiffre à gauche des unités représente les dizaines, celui à droite représente les dixièmes, à gauche des dizaines sont les centaines, à droite des dixièmes sont les centièmes, à gauche des centaines sont les mille; à droite des centièmes sont les millièmes, etc.

CHAPITRE IV.

DES MESURES.

34. Le système des mesures est appelé système métrique, parce que toutes les mesures dérivent du mètre.

35. Le mètre égale la dix-millionième partie du quart du méridien terrestre; il vaut, en ancienne mesure, 3 pieds, 11 lignes 296 millièmes de ligne.

Les multiples du mètre sont : le décamètre qui vaut 10 mètres, l'hectomètre qui vaut 100 mètres, le kilomètre qui vaut 1000 mètres, et le myriamètre qui vaut 10000 mètres.

Les sous-multiples sont : le décimètre ou dixième de mètre, le centimètre ou centième de mètre, le millimètre ou millième de mètre.

36. L'unité pour les liquides et les grains est le litre, dont la contenance égale un décimètre cube. Les multiples du litre sont : le décalitre qui vaut 10 litres, l'hectolitre qui vaut 100 litres, le kilolitre qui vaut 1000 litres.

Les sous-multiples sont : le décilitre ou dixième du litre, le centilitre ou centième partie du litre.

37. L'unité pour le poids est le gramme. C'est le poids d'un centimètre cube d'eau pure, pesée

dans le vide, et à la température de 3°, 97, maximum de densité de l'eau.

Les multiples du gramme sont : le décagram. ou 10 grammes, l'hectogramme ou 100 grammes, le kilogramme ou 1000 grammes, le myriagramme ou 10000 grammes. Il y a aussi le quintal qui vaut 100 kilogrammes, et le millier qui vaut 10 quintaux ou 1000 kilogrammes.

Les sous-multiples sont le décigramme ou dixième du gramme, le centigramme ou centième, le milligramme ou millième.

38. Pour mesurer les terrains ou superficies, l'unité est l'are : c'est un carré qui a 10 mètres de côté.

Les multiples de l'are sont : le décare, qui vaut 10 ares ; l'hectare, qui vaut 100 ares.

Les sous-multiples sont : Le déciare, qui vaut un dixième d'are ; le centiare, qui vaut un centième.

Remarque. Puisque l'are est un carré qui a 10 mètres de côté, il peut être divisé en 100 carrés, qui auront chacun un mètre ; donc, le centiare n'est autre chose qu'un mètre carré. L'hectare, qui vaut 100 ares, est un carré qui a 100 mètres de côté : il contient donc 10000 mètres carrés.

39. On appelle cube un corps qui a six faces carrées, et dont toutes les arêtes sont égales, comme un dé à jouer, par exemple.

L'unité de mesure pour les solides est un cube qui a un mètre d'arête : cette dénomination, appliquée au bois, s'appelle stère. Le seul multiple qui ait un nom particulier est le décastère, qui vaut 10 stères, et le seul sous-multiple est le décistère ou dixième.

1re *Remarque*. Le mètre cube contient 1000 décimètres cubes. En effet, si nous superposons dix carrés d'un mètre de côté et de un décimètre de hauteur, nous formerons un cube; or, chaque carré pourra être divisé en 100 décimètres, ce qui donnera 100 décimètres cubes pour chacun : les dix en donneront donc 1000.

2e *Remarque*. D'après ce que nous venons de dire, il est facile de comprendre que le mètre carré vaut 100 décimètres carrés, que le mètre cube vaut 1000 décimètres cubes, que le décimètre carré vaut 100 centimètres carrés, que le décimètre cube vaut 1000 centimètres cubes; le centimètre carré 100 millimètres carrés, et le centimètre cube 1000 millimètres cubes.

40. L'unité pour les monnaies est le franc. Un franc pèse 5 grammes; c'est un alliage d'argent et de cuivre : ce dernier métal y entre pour un dixième du poids. Les sous-multiples du franc sont le décime ou dixième, le centime ou centième.

44. TABLEAU DES MESURES.

47

Multiples.

Myriam.	=	10000				Millier.	= 1000 kil.
Kilòm.	=	1000	Kilog.	= 1000		Quintal.	= 100 kil.
Hectom.	=	100	Hectol.	= 100		Myriag.	= 10000
Décam.	=	10	Decal.	= 10		Kilog.	= 1000
Mètre	=	1	Litre.	= 1		Hectog.	= 100
						Décag.	= 10
						Gramme.	= 1

multiples sous

Décim.	=	$\frac{1}{10}$	Décil.	= $\frac{1}{10}$	Décig.	= $\frac{1}{10}$
Centim.	=	$\frac{1}{100}$	Centil.	= $\frac{1}{100}$	Centig.	= $\frac{1}{100}$
Millim.	=	$\frac{1}{1000}$			Millig.	= $\frac{1}{1000}$

Multiples

Hectare	=	100	Décastère	=	10
Décare	=	10	Stère	=	1

Sous multiples

Are	=	1			Franc	= 1
Déciare	=	$\frac{1}{10}$	Décistère	= $\frac{1}{10}$	Décime	= $\frac{1}{10}$
Centiare	=	$\frac{1}{100}$			Centim.	= $\frac{1}{100}$

INITIALES ABRÉVIATIVES.

---

m.	signifie	mètre	f.	signifie	franc
mm.	—	millimètre	D.	—	déca
M	—	myriamètre	d.	—	déci
l.	—	litre	h.	—	hecto
g.	—	gramme	c.	—	centi
a.	—	are	k.	—	kilo
st.	—	stère			

42. ADDITION DES NOMBRES DÉCIMAUX ET DES DÉCIMALES.

L'addition des nombres décimaux et des décimales se fait comme celle des nombres entiers, en ayant soin de placer les unités et les décimales de même espèce dans la même colonne, et faisant précéder d'un zéro les décimales s'il n'y a pas d'unités.

Exemple.

Soit proposé d'ajouter 745 m. 65 c. $+$ 6248 m. 7 mm. $+$ 9151 m. 79 mm. $+$ 854 m. 735 mm. $+$ 25395 m. 8 d. $+$ 428 m. 7 c.

Le résultat donne 42823 m. 341 mm.

$$
\begin{array}{r}
745,^{m}650 \\
6248,\,007 \\
9151,\,079 \\
854,\,735 \\
25395,\,800 \\
428,\,070 \\
\hline
\text{Total. } 42823,\,341
\end{array}
$$

Autre exemple.

Soit proposé d'ajouter 0 m. 0415 $+$ 0 m. 018 mm. $+$ 0,007 $+$ 0 m. 0215 $+$ 0 m. 00416 $+$ 0 m. 0048.

Le résultat donne 0,m, 09696

On voit par l'addition des décimales qui précède qu'il faut séparer au total autant de décimales
qu'il y en a dans celle des sommes
qui en contient le plus, en faisant précéder ces
décimales de zéros, s'il est nécessaire. Ce total
est 0 m. quatre-seize millièmes neuf cent soixante
millionièmes.

0.ᵐ0418
0, 018
0, 007
0, 0218
0, 00416
0, 0048
0, 09696

Autre exemple.

Additionner 58 l. 8 c. + 129 l. 48 c. + 718 l.
9 d. 418 l.

Solution.
58,¹08
129, 48
718, 90
418, 00
———
1324, 46
348 m. + 9 g. 7 d. + 596 g. 68 c. + 47 g. 8.c.

Autre exemple.

Soit proposé d'ajouter 28 g.
8 mg. + 41 g. 27 c. + 318 g.

Toutes ces quantités réunies
donnent 1038 g. 086.

Solution
28ᵍ,008
41, 270
318, 348
9, 700
596, 680
47, 080
———
1030,086

Autre exemple.

Soit proposé d'ajouter 27
ares 8 c. + 45 a. 7 d. + 418 a. 98. + 31 a.
9 c. + 248 a. 64 c.

Solution   Total 771 ares 46 centiares.

27,ª08
45, 70
418, 95

Autre exemple.

31, 09
248, 64

Soit proposé d'ajouter   Solution

771, 46

148 st. 7 d. + 516 st.
8 c. + 49 st. 58 + 72 st.   148,ª70
2 c. + 171 st. 49.   516, 08
   49, 58
   72, 02
   171, 49

Total.   957, 87

Additionner 187 f. 5 c. + 71 f. 85 c. + 24 f. 35 + 718 f. 9 d. + 519 f. 45 + 31.

Solution
187,f 05
71, 85

Autre exemple.

24, 35
718, 90
519, 45

Soit proposé d'ajouter 27 kilom.

31

8 m + 43 M. 95 m + 715 h. 5 m

Total. 1552, 60   + 7415 D. 8 d. + 5492 m. 7 d.

+ 7 M. 8 h. 35 d. Solution.

Remarque. — On a quelquefois   375,k 008
besoin d'exprimer une quantité en   430, 095
décamètres, hectomètres, kilom.   71, 505
myriam. — En décalitres, hectol.   74, 1508
— Décagrammes, hectog. kilg.   5 4927
quintaux, milliers. — Hectares—   70 8035
Décastères, décistères — en déci-   927, 0550
mètres, centimètres, millimètres, etc. Dans ce
cas le déplacement de la virgule suffit.

Supposons que je veuille exprimer le nombre
de kilomètres du 1er exemple de l'addition des

nombres décimaux, je place la virgule après le chiffre qui représente les milliers de mètres, et j'ai : 42, kilom. 823341.

SOUSTRACTION DES NOMBRES DÉCIMAUX ET DES DÉCIMALES.

La soustraction des nombres décimaux et des décimales se fait comme celle des nombres entiers, en plaçant dans la même colonne les unités de même espèce, et en séparant par une virgule les décimales des unités, et faisant précéder d'un zéro la virgule si le résultat ne donne pas d'unité.

Remarque. Il est bien entendu qu'il faut séparer à la différence autant de décimales qu'en a celui des nombres donnés qui en contient le plus. Cette remarque s'applique aussi à l'addition.

Exemple.	*Autre exemple.*
De 48 m. 38 c. ôtez 18 m. 729 mm.	De 147 k. 7 g. ôtez 1092 h 8 D.
Solution.	*Solution.*
47,^{m}38	147,^{k}007
18, 729	109, 280
Diff. 29,^{m}681	Différence 37, 727

Un cultivateur avait à labourer 38 hect. 7 ares ; il en a déjà labouré 37 h. 72 a. 8 c. Combien lui reste-t-il à labourer ?

La différence sera exprimée en hectares.

Solution.

38,ʰ07
37, 7308   Il lui reste à labourer 0 h.
—————— 34 a, 92 c.
0, 3492

44. PROBLÈME SUR L'ADDITION ET LA SOU-
STRACTION DES NOMBRES DÉCIMAUX ET DES
DÉCIMALES, ET SUR LA NUMÉRATION.

1ᵉʳ. Écrire en chiffres vingt-cinq-mille-sept-
cent-quarante-trois unités, vingt-cinq millièmes
quatre billionnièmes.

2ₑ. Écrire en lettres 7167083, ᵘⁿⁱᵗᵉˢ 5040883.

3ᵉ. Une personne doit 1715 francs ; elle donne
un premier à-compte de 725 fr. 60, un deuxième
de 519 fr. 45. Combien redoit-elle ?

4ᵉ. Faire le tableau des multiples et des sous-
multiples du mètre.

5ᵉ. Une ménagère doit au boulanger 18 fr. 50,
au boucher 8 fr. 35, à l'épicier 4 fr. 05, au marchand de vin 11 fr. 85. Quelle somme lui faut-il
pour payer ses dettes ?

6ᵉ. Un marchand de drap possède quatre pièces de drap bleu ; l'une de 43 m. 7 mm., une
deuxième de 67 m. 75 mm., une troisième de
59 m. 8 d., et la quatrième de 75 m. 18 c. Combien ce marchand possède-t-il de mètres de drap
bleu ?

7ᵉ. Un marchand de fer avait en magasin
687171 kilog. de fer. Il ne lui en reste plus que

2945 quintaux 8 myr. 75 décag. Combien a-t-il vendu de kilogrammes de fer?

8ᵉ. Un propriétaire veut construire une usine sur un terrain contenant 2 hect. 3 ares 75 centiares. Le plan de l'usine comprend 138 ares 4 centiares. Combien restera-t-il d'ares inoccupés?

9ᵉ. Un commerçant fait venir cinq pièces de vin; l'une contient 215 litres 75 c., une autre 228 l., une troisième 1 hectolitre 56 litres, une quatrième 3 hectol. 8 litres 7 décil., et, enfin, la cinquième 96 litres 35 centil. Combien ces cinq pièces contiennent-elles d'hectolitres?

10ᵉ. Un piéton a marché pendant cinq heures; la première heure, il a parcouru 5 kilom. 9 hectom., la deuxième heure 6 kilom 85 mètres, la troisième 6 k. 6 décam., la quatrième 5 kilom. 275 mètres, et la cinquième 4 kilom. 7 hectom. 8 mètres. Combien a-t-il parcouru de myriamètres pendant ces cinq heures de marche?

11ᵉ. Un marchand de bois avait dans son chantier, au commencement de l'hiver 185 décastères de bois. L'hiver passé, il ne lui reste que 785 stères 7 décist. Combien de stères a-t-il vendus?

12ᵉ Faire le tableau des multiples et des sous-multiples du litre.

13ᵉ. Faire le tableau des multiples et des sous-multiples du gramme.

14ᵉ. Une personne doit 7185 fr. Combien lui manque-t-il pour payer une dette de 7279 fr. 75 c.?

15ᵉ. D'une pièce de terre de 12 hectares 95 centiares, on veut en vendre 727 ares 8 centiares. Quelle sera la partie restante?

16ᵉ. Un piéton a parcouru un premier jour 59 kilom. 72 m., un deuxième jour 61 kilom. 8

hectom., un troisième jour 5 myriam. 8 décam., un quatrième jour 785 hectom. 57 mètres. Combien a-t-il parcouru de kilom. dans ces quatre jours de marche?

17e. Il reste à une modiste 725 millim. de ruban bleu, 147 de ruban rose. 8 décim. de ruban vert, 87 centim. de ruban lilas, et 7 décim. 8 millim. de ruban jaune. Combien de mètres de ruban lui reste-t-il en tout?

18e. Une personne a acheté quatre pièces de drap bleu de chacune 72 m. 28 mm., et cinq pièces de drap noir de chacune 67 m. 9 c. Elle a vendu 208 m. 75 c. de drap bleu, puis 192 m. 7 d. de drap noir. Combien lui reste-t-il de mètres de chaque qualité, et combien a-t-elle vendu de mètres en tout?

19e. Un propriétaire possède cinq pièces de terre, l'une de 3 h. 75 centiares, une autre de 185 a. 8 déciares, une troisième de 87 ares, une quatrième de 5 h. 8 a., et enfin, la cinquième de 7 h. 87 a. 27 c. Quelle est, en hectares, l'étendue de ses terres?

20e. Un marchand avait trois piles de bois; la première contenait 48 st. 8 d., la deuxième 12 décast. 3 st. 4 d., et la troisième 85 st. 37 c. Il ne reste de la première que 13 st. 9 d., de la deuxième 54 st., de la troisième 19 st. 7 d. Combien a-t-il vendu de stères de chaque pile, et combien lui reste-t-il de stères?

21e. Écrire en lettres 0,0048400564.

22e. Il reste à une ménagère 2 kil. 3 h. d'un pain de sucre qui pesait 7 k. 825 g. Combien y a-t-il de kilogrammes consommés?

23°. Six cordiers ont fait, le premier 95 m. 08 de corde, le deuxième 57 m. 08, le troisième 2875 centim., le quatrième 827 décimètres, le cinquième 1374 millim., et le sixième 744 décimètres. Combien à eux tous ont-ils fait de mètres?

24°. Un débiteur devait 17815 fr. Il a donné un premier à-compte de 4918 fr. 75 c., un deuxième de 7416 fr. 85 c., un troisième de 825 fr. 35 c. Quelle somme redoit-il?

25°. Un voiturier charge 27 myriag. 7 hectog. de café, 345 kilog. 75 grammes de sucre, 238 hectog. 4 décig. de poivre, 78 kilog. 7 décag. 85 centig. de savon, et 408 kilog. 47 grammes de sel. Combien de quintaux a-t-il sur sa voiture?

26°. Quelqu'un veut vendre un cheval, le harnais et le cabriolet 2050 fr. Ce harnais est estimé 208 fr. 50, le cheval vaut 650 fr. A combien reviendrait le cabriolet?

27°. Un propriétaire avait dans sa cave 425 hectolitres 75 litres de vin. Il en a fait cette année 458 h.; mais il en a consommé 181 décalitres, et ses ventes ont été de 57870 litres. Combien d'hectolitres lui reste-t-il aujourd'hui dans sa cave?

28°. Écrire en chiffres quatorze trillions, vingt-quatre millions soixante-seize mille neuf unités, trois millièmes vingt-neuf millionièmes.

29°. Quatre personnes ont à se partager 1875 f. La première doit avoir 255 fr, 75 c., la deuxième 425 fr. 40 c. la troisième 180 fr. 50 c. de plus que la première. Quelle est la part de la quatrième?

30°. Un banquier avait en caisse 48950 fr. 25

c. Il a fait trois paiements : l'un de 1918 fr. 50 c., un autre de 4976 fr. 40, et le troisième de 11816 fr. ; mais il a reçu 927 fr. 75 c. Quel doit être maintenant l'état de sa caisse ?

31. Un commerçant reçoit 4 pièces de drap; l'une coûte 348 fr. 35, une autre coûte 438 fr. 25 une 3e coûte 1087 fr. 08 c., et la 4e coûte 725 f. Il donne à compte 1418 fr. Combien redoit-il ?

32. Un soldat a 275 kilom. à faire pour rejoindre son régiment, et a 10 jours pour faire ce trajet. Les 5 premiers jours il fait 128 kilom. 7 hectom. Les 4 jours suivants, il fait 113 kilom. 47 m. Que lui reste-t-il à parcourir pour le dernier jour ?

33. Un propriétaire possède 5 pièces de terre; l'une de 4 h. 3 a. 45 c., une autre de 2 h. 85 c., une 3e de 48 a. 9 c., une 4e de 3 h. 30 a. 85 c., et la 5e de 18 h. 6 a. 4 c. Quelle est, en hectares, l'étendue de ses terres ?

34. Une cuve contient 48 hectol. de vin. On en remplit 4 tonneaux; l'un contient 818 lit. 7 d., un 2e 415 l. 38 c., un 3e 5 h. 4 l., et le 4 548 l. Combien reste-t-il de litres dans la cuve ?

35. Ecrire en chiffres vingt-neuf billion s,quatre cent sept mille, cinquante huit millièmes, quarante trois millionièmes.

35. Une cuve contient 29 h. 8 l., une autre 72 h. 85 centilitres. Combien celle-ci contient-elle de litres de plus que la première ?

37. Un ouvrier a fait, dans une 1re semaine 18 m. 75 mm. d'ouvrage, dans une 2e 15 m. 8 d., dans une 3e 25 m. 45 centim., dans un 4e 16 m. 8 c., et dans une 5e 9 m. 785 mm. Combien a-t-il fait de mètres en ces cinq semaines de travail ?

38. Sur un terrain de 4 h. 5 a. 48 centiares, on a construit un bâtiment qui couvre une superficie de 7 ares 9 centiares. Quelle est la partie restante ?

39. Ecrire en chiffre soixante-seize millièmes, cinq cent trois millionièmes, quatre billionièmes.

40. Additionner les fractions décimales 43 millièmes, 59 dix-millièmes, 278 millionières, 8 trillionièmes, 745 billionièmes et 57 centièmes.

41. Une pièce de bois de sapin a 16 m. 75 mm. de longueur, une autre a 13 m. 45 c. Combien faut-il couper de la première pour qu'elle n'ait que la longueur de la seconde ?

42. Une pièce de vin contenait 2 h. 75 litres. Il ne reste dans la pièce que 128 litres 7 décilit. Quel nombre de litres a été consommé ?

43. Une propriété contient 8 hectares 5 ares. Une partie de 1 h. 65 ares est en luzerne. Le jardin contient 2 h. 85 centiares. Une pelouse contient 17 ares 18 cent. Un bosquet contient 43 ares 75 cent. La partie réservée aux céréales contient 3 h. 95 ares. Quelle est l'étendue de la propriété occupée par les bâtiments ?

44. La taille d'un enfant est de 1 m. 7 centim., celle de son père de 1 m. 785 millim. De combien faut-il que l'enfant grandisse pour que sa taille soit égale à celle de son père ?

45. Il y a dans un chantier quatre piles de bois : l'une contient 5 décastères 8 décist., une autre 74 st. 85 c., une 3e 17 décast. 7 décist., et la 4e 270 st, 50 c. Quel nombre de stères renferment ces 4 piles ?

46. Un écrin renferme un bracelet pesant 3 décag. 85 centig., une broche pesant 5 gr. 8 c.,

une bague posant 5 g. 7 décig., une chaîne pesant 12 g. 55 millig. Quel est, en grammes, le poids de ces 5 objets ?

47. Une pièce d'étoffe avait 108 m. 72 c. de longueur. On en vend 18 m. 725 mm. Combien reste-t-il de mètres ?

48. Une personne doit au boucher 18 fr. 25 c., à l'épicier 15 fr. 8 c., au boulanger 58 fr. 5 c., au cordonnier 16 fr. 45 c., au tailleur 58 fr. 55 c. Quelle somme lui faut-il pour payer ?

49. Un élève avait, en rentrant à sa pension, 4 fr. Il a dépensé pour une brosse 55 cent., pour une savonnette 55 cent., pour un peigne 65 c., pour du cirage 25 cent. Combien lui reste-t-il ?

50. Un voiturier avait à transporter 145 quintaux 8 kilog. de marchandise. Dans un premier voyage il a transporté 5409 kilog. 55 déc., au 2_e 16 quintaux 07 hectog., au 3e 4958 kilog. 7 hect. Combien lui reste-t-il à transporter pour son dernier voyage ?

45. DE LA MULTIPLICATION DES NOMBRES DÉCIMAUX ET DES DÉCIMALES.

D'abord, il est nécessaire de rappeler ici que le produit est toujours de même espèce que le multiplicande ; car si l'on répète des francs un certain nombre de fois, le produit sera des francs ; si l'on répète des centimes, le produit sera des centimes..., etc.

Exemple :

Supposons que le mètre de drap coûte 18 f. 45 c. Combien doit-on pour trente-cinq mètres ?

Puisque le mètre coûte 18 f. 45 c., trente-cinq mètres coûteront trente-cinq fois plus. ou 18 f. 45 c. $\times 35 = 64575$ centimes, ou 645 f. 75 c.

Autre exemple :

Combien doit-on pour 47 m. 8 décim. de drap à 16 f. 85 c. le mètre ?

SOLUTION.

Si le mètre de drap coûte 16 f. 85 c., un seul décimètre coûtera dix fois moins, ou 1 f. 685 millièmes. Donc, on doit payer 478 fois 1 f. 685 m. ou 805430 millièmes, ou 805 f. 43 c.

```
  1,685
    478
 ------
  13480
  11795
   6740
 ------
 805430
```

Au moyen des deux exemples précédents, on comprend facilement que la multiplication des nombres décimaux se fait comme celles des nombres entiers; seulement il faut séparer au produit autant de décimales qu'il y en a dans les deux facteurs.

Remarque. Il arrive quelquefois que l'unité dont le prix est exprimé au multiplicande n'est pas celle qui est exprimée au multiplicateur; dans ce cas, on place une virgule, précédée d'un zéro, s'il est nécessaire, après le chiffre qui représente l'unité dont le prix est déterminé.

Exemple :

Quelle somme doit-on payer pour 587 grammes de café à 3 fr. 85 le kilog.

$$3 \text{ f. } 85$$
$$0,587$$
$$\overline{2695}$$

Solution   3080   On doit payer :
                  1925   2 fr. 25 ou 2 fr. 26
$$\overline{2 \text{ f.} 25995}$$

Et en appliquant la méthode de l'unité, je raisonnerais ainsi : si le kilog coûte 3 fr. 85, le gramme coûtera mille fois moins, ou $\dfrac{3 \text{ f.} 85}{1000}$

et 587 grammes 587 fois plus, ou $\dfrac{3,85 \times 587}{1000} =$

2 fr. 25995

Autre exemple :

Un commerçant veut faire venir 17854 kilog. de marchandise du Havre à Paris. Combien devra-t-il payer pour le transport, à raison de 8 f. 75 c. le quintal?

Solution.

8 fr. 75   Il devra payer 1562 fr. 225
178, 54   Le quintal étant l'unité dont
$\overline{}$ le prix est déterminé, les chif-
   35 00   fres qui suivent celui qui re-
   437 5   présente les quintaux sont des
  7000   décimales. Je dois donc sépa-
  6125   rer au produit quatre déci-
  875   males, ainsi qu'il a été dit à la
$\overline{}$
1562,2250   remarque précédente.

En appliquant la méthode de l'unité, je raisonnerais ainsi : Si le quintal coûte 8 f. 75 c., le
kilog. coûtera cent fois moins, ou 0 f. 0875 et
1785 kilog. 0 f. 0875×17854=1562 f. 225.

Autre exemple :

Soit proposé de faire le produit de 0,00478
par 0,0754.

Solution.	Le produit est 0,000360412
0,00478	On voit par l'exemple ci-
0,0754	dessus que quand le produit ne
1912	contient pas un nombre de chif-
2390	fres égal au nombre des déci-
3346	males comprises dans les deux
0,000360412	facteurs il faut le faire précé-

der d'un nombre suffisant de zéros pour compléter le nombre des décimales qu'il est nécessaire
de séparer.

46. DE LA DIVISION DES NOMBRES DÉCIMAUX ET DES DÉCIMALES.

D'abord, nous avons vu, au chapitre de la division, que les trois termes d'une division sont
communs à la multiplication ; ensuite, à la multiplication des nombres décimaux et des décimales, qu'il faut séparer au produit autent de
décimales qu'en ont ensemble les deux facteurs.

Or, si le dividende a une, deux, trois.... décimales, le diviseur et le quotient doivent contenir ensemble une, deux, trois..... décimales.
Cela compris ;

1°. Si le dividende a une, deux, trois...décimales, et que le diviseur n'en ait pas, il faut en séparer au quotient autant qu'en a le dividende.

2º. Si le dividende n'a pas de décimales, et que le diviseur en contienne, il faut ajouter au dividende autant de zéros que le diviseur a de décimales; alors, le quotient n'a pas de décimales.

3º. Si le dividende et le diviseur ont des décimales en nombre égal, on fait la division en considérant de part et d'autre les décimales comme des unités, et le quotient, dans ce cas, n'a pas de décimales.

4º. Si le dividende et le diviseur ont des décimales, et qu'il y en ait plus au diviseur qu'au dividende, on ajoute au dividende autant de zéros qu'il est nécessaire pour qu'il y ait de part et d'autre le même nombre de décimales.

5º. Si le dividende et le diviseur ont tous les deux des décimales, et que le dividende en contienne plus que le diviseur, on sépare au quotient autant de décimales que le dividende en renferme de plus que le diviseur.

Exemples :

1ᵉʳ *cas.* —Trouver le quotient de 18545,24 divisé par 428.

Solution.   Ce quotient est 43,33.

$$\begin{array}{r|l} 18545,24 & 428 \\ 1425 & \overline{42,33} \\ 1412 & \\ 1284 & \\ 000 & \end{array}$$

2ᵉ *Cas.* — Soit proposé de trouver le quotient de 210581 par 785,75

Le quotient est 268

Solution

```
21058100 | 785,75
 534310  | ‾‾‾‾‾
 628600  |  268
 00000
```

3ᵉ *Cas*. Trouver le quotient
de 275108,45 divisé par 64,56.

Solution

```
275108,45 | 64,56
 16868    | ‾‾‾‾‾
 39564    | 4261
  8285
  1829
```

Le quotient est 4261

4ᵉ *Cas*. Soit proposé de diviser
71084,57 par 74,825

Solution

```
71084,570 | 74,825
 3742 07  | ‾‾‾‾‾‾
 000 820  |  950    Le quotient est 950
```

5ᵉ *Cas*. Trouver le quotient de 61845,3855 divisé
par 74,85

Le quotient est 826,25

Solution.

```
618453855 | 74,85
 19653    | ‾‾‾‾‾‾
 46838    | 826,25
 19285
 43155
  5730
```

Première remarque. —
Le quotient est complet
lorsque, la division étant
terminée, il ne reste rien;
s'il y a un reste, il faut, pour compléter le quotient, le faire suivre de ce reste comme numérateur d'une fraction dont le diviseur est le dénominateur. (Voir plus loin, au chapitre des fractions, *numérateur* et *dénominateur*.)

Dans le 2ᵉ cas ci-dessus, le quotient 268 est
complet.

Dans le 4ᵉ cas, au contraire, le quotient 950

n'est pas complet ; il faut, pour le compléter, y ajouter le reste de la division, et l'on a pour quotient complet $950 + \dfrac{820}{74825}$

2e *Remarque.* Lorsque le quotient n'est pas complet, et qu'on veut le compléter au moyen de décimales, il faut ajouter au reste de la division autant de zéros qu'on veut avoir de décimales au quotient, puis continuer la division comme si ces zéros faisaient partie du dividende. Ainsi, on peut avoir le quotient complet, ou, à moins d'un dixième, d'un centième, d'un millième..., etc., près, si toutefois la division ne s'effectue pas sans reste au moyen des zéros ajoutés.

Exemple :

Soit 78167 divisé par 185
Solution

```
78167  | 185
  416  | 422,524
  467
  970
  450
  800
   60
```

Ainsi, en ajoutant 3 zéros, on n'a pas le quotient complet, il est vrai, mais cependant la différence n'est pas 1 millième.

Autre exemple.

Solution.

```
7458  |  48
 262  | 154,75
 228
 360
 240
  00
```

Soit maintenant 7428 : 48
En ajoutant deux zéros on a pour quotient complet 154,75

PROBLÈMES SUR LA MULTIPLICATION ET LA DIVISION DES NOMBRES DÉCIMAUX ET DES DÉCIMALES.

1. J'ai payé 71 f. 85 pour 4 m. 752 millim. de marchandise. Quel est, à moins d'un centime près, le prix du mètre ?

2. Une personne achète 1728 litres de vins à 38 f. 50 cent. l'hectol. Combien doit-elle ?

3. Le kilog. d'or coûte 2888 f. 888. Combien paiera-t-on pour 2758 g. 45 centig. ?

4. Une pièce de vin de 275 lit. coûte 108 f. Quel est le prix du litre ?

5. Une personne doit au boulanger trente-cinq pains de 4 kilog. à 0 f. 52 c. le kilog.; au boucher 17 kilog. 85 décag. de viande à 1 f. 35 le kilog. Quelle somme lui faut-il pour payer ?

Une chaîne en argent pèse 18 g. 75, et coûte 11 f. 45. Quel est le prix du kilog. ?

7. Les murs d'un salon ont 28 m. 75 c. de développement. On veut les couvrir de papier de 0 m. 475 de largeur. Combien faudra-t-il de lés, déduction faite de deux portes de chacune 1 m. 25, et de quatre fenêtres de chacune 1 mètre 56 cent. ?

Pour mettre en bouteilles une pièce de vin de 216 litres, on se sert de bouteilles qui contiennent chacune 0 l. 73 centilitres. Combien de bouteilles seront nécessaires pour cette opération ?

9. Un champ de 35 ares 7 centiares a produit 16 hectolitres 8 décal. d'orge. Quel est le produit par hectare ?

10. Quelqu'un fait venir de Bordeaux six pièces de vin de chacune 228 litres. Il paie d'achat
488 f. 50 c., de transport 40 f. 75, et les droits,
joints aux faux frais, s'élèvent à 205 f. 45. A
combien revient le litre?

11. Un boucher paie un bœuf 278 f. Ce bœuf
pèse 375 kilog. 7 hectog. Il vend les abats 75 f.
25. Combien doit-il vendre le kilog. de viande
pour gagner 98 f. 50?

12. Un marchand de volailles achète dans
un endroit 67 dindes à 4 f. 75, dans un autre 108
oies à 3 f. 80, dans un troisième 375 poulets à
0 f. 85. Avant ces achats, il possédait 1095 f.
75 c. Combien lui reste-t-il après avoir payé?

13. Un commerçant expédie de Paris à Bordeaux 758 quintaux de marchandise. Il paie le
transport à raison de 0,75 le kilog. Quelle somme
doit-il verser?

14. Un marchand reçoit 715 quintaux 28 kilogrammes de charbon de terre qu'il paie à raison
de 27 fr. 50 c. le millier. Combien doit-il vendre le quintal pour gagner sur le tout 1090 fr.?

15. Un cultivateur conduit au marché 37 hect.
75 litres de blé qu'il vend 718 fr. Quel est le prix
de l'hectolitre?

16. On paie 7 fr. 05 c. par mille de frais d'en-
registrement pour succession de père en fils.
Combien doivent payer les héritiers de cet ordre
pour une succession de 38785 fr. 85 centimes?

17. Un ouvrier a travaillé pendant 28 jours 7
heures, à raison de 65 c. l'heure. Quelle somme
doit-il recevoir; la journée étant de 11 heures?

18. Un commerçant veut gagner 850 fr. sur
une pièce de drap de 108 m. 80 c. qu'il a payée

1950 fr. 25 c. Quel prix doit-il vendre le mètre ?

19. 9 héritiers ont à se partager également une succession de 185805 fr. 35 c. Les frais de la succession montent à 20850 fr. Quelle est la part de chacun ?

20. Une ligne de 15898 m. 75 doit être jalonnée de 40 m. 25 en 40 m. 25. Combien faut-il préparer de jalons ?

21. Dans une ville on paie pour droits d'octroi 1 fr. 75 c. par hectolitre de vin. Combien doit-on pour 18 pièces de chacune 228 litres ?

22. Quel est le prix d'une piece de terre de 3 hectares 8 ares 48 centiares, à raison de 48 f.75 l'are ?

23. Le décimètre cube d'acier pèse 7 kilog. 67 décag. Quel est le poids d'une barre d'acier de 4 décim. cubes 465 centim. cubes ?

24. Un tonneau rempli d'eau-de-vie pèse 275 kilog. 8 décag. Le tonneau vide pèse 18 k. 25 décag. Combien contient-il de litres, sachant qu'un litre d'eau-de-vie pèse 0 k. 86 c ?

25. Une barre de fer pèse 187 kilog. 9 hect. Quel est son volume en décimetres cubes, sachant que le décimètre pèse 7 k. 788 g. ?

26. La fonte de fer pèse 7 k. 207 le décimètre cube. Quel est le poids d'une colonne de cette matière de 18 décim. cubes 735 centim. ?

27. Du vin de champagne coûte 1 fr. 75 la bouteille. On paie 15 c. par bouteille pour le faire transporter à Paris; et les droits joints aux faux frais s'élèveront à 65 cent. par bouteille. Quelle somme faudra-t-il pour payer 275 bouteille ?

28. Une personne voudrait ne dépenser pour son entretien que la 36e partie de son gain annuel. Elle gagne 5780 fr. Combien peut-elle dépenser par mois ?

29. Un marchand de bois a acheté 1568 stères de bois, dont 586 stères à 16 fr. 50, 38 stères à 13 40, 229 st. 8 à 18 fr. 30, et le reste à 13 fr. 80 c. Il a payé le transport à raison de 0 f. 45. Combien a-t-il dû payer en tout ?

30. Un commerçant a acheté une pièce de drap de 8 m. 70 c. qu'il a payée 72 fr. Il veut gagner 107 fr. Combien, à moins d'un centime près, doit-il vendre le mètre ?

31. On a acheté 68 k. 5 de marchandise pour 708 fr. 40 c. Quel est le prix du kilo?

32. Un épicier a acheté 8 kilog. d'huile à 0 f. 35 c. le litre, 55 kilog. de sucre à 1 fr. 3 c., et 68 kilog. 9 décag. de café à 1 fr. 40 c. Il vend l'huile 0 fr. 95 c,, le sucre 1 fr. 80 c., et le café 3 fr. 50 c. Combien gagnera-t-il sur le tout ?

33. Le litre d'huile d'olive pèse 0 k. 91 3. Combien gagnera-t-on sur un baril contenant 138 litres que l'on paie 108 fr. 40 c., si l'on vend le kilog. 1 fr. 30 ?

34. Un tonneau rempli d'esprit de vin pèse 245 kilog. Le tonneau vide pèse 30 kilog. Combien ce tonneau contient-il de litres? Sachant que le poids du litre est de 0 k. 83 grammes ?

35. Par quel nombre faut-il multiplier 0,1725 pour obtenir au produit 0,0475 ?

36. Le produit d'un nombre est 5,1875, l'un des facteurs est 0,0725. Quel est l'autre facteur?

37. Une pièce d'étoffe de 147 m. 25 a coûté
728 fr. Quel est, à moins d'un centime près, le
prix du mètre ?

38. Un épicier a acheté 115 kilog. d'huile à
1 fr. 15 c., 18 k. 15 g. de poivre à 4 fr. 20, 7 k.
9 h. de sucre à 1 fr. 30. Il a revendu l'huile
1 fr. 40c., le poivre 60 cent. l'hectog., et le sucre 1 fr. 80 c. le kilog. Combien a-t-il gagné sur
le tout ?

Un coquetier achète 2700 œufs à 0 fr. 45 c. la
douzaine; il les revend 0 fr. 80 c. Combien ga-
gne-t-il ?

30. L'eau de mer contient 63 grammes de sel
par litre. Combien recueillera-t-on de sel dans
un réservoir qui contient 72 m. cubes d'eau de
mer ?

41. On a payé 280 fr. une pièce de toile de
148 m. 70. Combien faut-il vendre le mètre
pour gagner 96 fr. 3 c. ?

42. Combien de litres d'huile contient un fût
qui pèse 238 kilog. Le fût vide pèse 15 kilog. 8
hect., et le poids spécifique de l'huile est de
0 k. 9153.

Une famille composée du père, de la mère et
de deux enfants, dépense chaque jour 4 f. 75.
Le père gagne 5 f. 25 c. par jour, la mère 1 f.
75 c., et chaque enfant 2 f. 45. Combien épar-
gneront-ils en un an, s'ils travaillent trois cent-
quinze jours de l'année ?

44. Un litre d'air pur pèse 1 g. 3. Quel est le
poids de l'air contenu dans une salle d'une capacité de 75 mètres cubes?

45. La pièce d'or de 20 f. pèse 6 g. 45161. Quelle

Quelle somme forme le poids de 725 kilog. composés de pièces de 20 f. ?

49. Un plancher est composé de 64 vieilles
planches de chacune 0 m. 21 de largeur. Combien faudra-t-il de planches neuves de même
longueur que les vieilles, et larges seulement de
0 m. 08, pour remplacer les premières ?

47. Une pièce de drap a été payée 1645 f. Or
a gagné sur cette pièce 560 f. en vendant le m.
16 f. 50. Combien contenait-elle de mètres ?

48. Quel est le prix de 27845 kilog. de sel à
58 f. 75 le millier ?

49. Le diamètre de la pièce d'or de 40 f. est
de 26 millimètres; celui de la pièce de 20 f. est
de 21 millimètres. Quelle longueur formera-t-on
si l'on met à côté l'une de l'autre, de manière
qu'elles soient bien alignées et qu'elles se touchent, 32 pièces de 40 f. et 8 pièces de 20 f. ?

50. Deux troupes d'ouvriers travaillent à une
route qui doit avoir 12045 mètres. Elles ont
commencé aux deux bouts, et vont l'une vers
l'autre. La plus forte fait 18 mètres courant par
jour, et la plus faible 15 mètres. Au bout de
combien de jours se rencontreront-elles, et combien chaque troupe aura-t-elle fait de mètres?

CHAPITRE V.

DES FRACTIONS.

48. Une fraction est une ou plusieurs parties
de l'unité.

49. On représente une fraction au moyen de
deux nombres écrits l'un sous l'autre, et séparés

par un trait; le nombre qui est au-dessus du trait s'appelle numérateur; il exprime combien on prend de parties de l'unité; celui qui est au-dessous du trait s'appelle dénominateur; il indique le nombre des parties que l'on a faites dans l'unité. Ainsi, si je coupe une pomme par exemple, en 4 parties égales, et que je prenne 3 de ces parties, j'ai les $\frac{3}{4}$ de la pomme. Le numérateur 3 indique le nombre des parties que je prends; et le dénominateur 4 indique le nombre des parties que l'on a faites dans l'unité.

50. On désigne une fraction en exprimant séparément le numérateur et le dénominateur, seulement on ajoute à celui-ci la terminaison *ième*; ainsi $\frac{3}{7}$ s'exprime : *trois septièmes*; excepté le cas où le dénominateur est 2, 3, ou 4, $\frac{1}{2}$ $\frac{2}{3}$ $\frac{3}{4}$, on lit : *un demi, deux tiers, trois quarts.*

51. Une fraction dont les deux termes sont multipliés ou divisés par un même nombre ne change pas de valeur.

Exemple.

Je suppose la fraction $\frac{4}{5}$. Si je multiplie chaque terme par 3, j'ai $\frac{12}{15}$ qui égale $\frac{4}{5}$. En effet, en multipliant le numérateur par 3, je prends trois fois plus de parties, mais en multipliant le dénominateur aussi par 3, j'ai rendu ces parties trois fois plus petites, alors il y a compensation. Si maintenant je divise chaque terme de la fraction $\frac{12}{15}$ par 3, je la ramène à son état primitif $\frac{4}{5}$.

Donc, soit qu'on multiplie, soit qu'on divise les deux termes d'une fraction par un même nombre, on n'en change pas la valeur.

52. Si l'on multiplie le numérateur d'une fraction par 2, par 3, par 4... etc.., on la rend 2, 3, 4 fois plus grande.

Exemple.

Si je multiplie le numérateur de la fraction $\frac{2}{9}$ par 4, j'obtiens pour produit $\frac{8}{9}$, fraction 4 fois plus grande que $\frac{2}{9}$, attendu que je prends 4 fois plus de parties, et que chaque partie dans $\frac{8}{9}$ a la même valeur que dans $\frac{2}{9}$.

53. Si l'on divise le numérateur d'une fraction par 2, par 3, par 4... etc., on rend la fraction 2, 3, 4 fois plus petite.

Exemple.

Si je divise par 3 le numérateur de la fraction $\frac{6}{7}$ j'obtiens pour résultat $\frac{2}{7}$; or, $\frac{2}{7}$ valent 3 fois moins que $\frac{6}{7}$.

54. Si l'on divise le dénominateur d'une fraction par 2, par 3, par 4... etc. On rend la fraction 2, 3, 4 fois plus grande.

Exemple.

Soit proposé la fraction $\frac{2}{15}$; si je divise le dénominateur 15 par 5, j'obtiens pour quotient 5,
et pour résultat $\frac{2}{3}$, fraction 5 plus grande que $\frac{2}{15}$
puisque je prends le même nombre des parties
et qu'elles sont devenues cinq fois plus grandes.

55. Si l'on multiplie le dénominateur d'une
fraction par 2, par 3, par 4... etc., on rend la
fraction 2, 3, 4... fois plus petite.

Exemple.

Soit la fraction $\frac{2}{5}$; si je multiplie le dénominateur 5 par 3, j'obtiens $\frac{2}{15}$, fraction 3 fois plus
petite que $\frac{2}{5}$, car je ne prends que le même nombre de parties, et elles sont devenues trois fois
plus petites, puisque de cinq j'en ai fait 15.

Simplification des fractions.

56. Simplifier une fraction c'est la présenter
sous des termes plus simples. Il suffit donc pour
simplifier une fraction d'en diviser chaque terme
par un même nombre.

57. *Première remarque.* Un nombre est divisible par 2 lorsqu'il est terminé par un chiffre
pair. Les chiffres pairs sont 0, 2, 4, 6, 8.

Exemple.

La fraction $\frac{72}{88} = \frac{36}{44} = \frac{18}{22} = \frac{9}{11}$. Les deux termes de cette fraction étant terminé chacun par un chiffre pair, une première division par 2 donne $\dfrac{36}{44}$, ces deux derniers termes divisés par 2 donnent $\dfrac{18}{22}$ et une troisième division donne $\dfrac{9}{11}$.

58. *Deuxième remarque.* Un nombre est divisible exactement par 3 lorsque la somme de tous les chiffres qui le composent contient un nombre exact de fois 3.

Exemple.

Soit proposé de simplifier la fraction $\dfrac{135}{348}$.

La somme des chiffres du numérateur donne 9, qui contient un nombre de fois 3 exact. La somme des chiffres du dénominateur donne 15, qui contient aussi un nombre de fois 3 exact.

Chaque terme de cette fraction est donc divisible par 3.

En effet 135 : par 3 $= 45$, et 348 : 3 $= 116$.

La fraction simplifiée donne $\dfrac{45}{116}$.

59. *Troisième remarque.* Un nombre est divisible par 5 lorsqu'il est terminé par 5 ou par 0. En effet, si les unités d'un nombre sont divisibles par 5, le nombre tout entier est divisible par 5, car les dizaines, les centaines... etc., sont divisibles par 5.

Exemple.

Soit proposé de simplifier la fraction $\dfrac{4275}{7775}$

$= \dfrac{855}{1555} = \dfrac{171}{311}$.

On voit que l'on peut exécuter deux divisions successives par 5, ce qui présente la fraction simplifiée sous les termes $\dfrac{171}{511}$.

60. *Quatrième remarque*. Un nombre est divisible par 9 quand, en additionnant tous les chiffres qui le composent, on a une somme divisible par 9.

Si j'additionne les chiffres qui composent le nombre 7 5 6 4 8 6 2 7, j'obtiens pour somme 45 ; cette somme aussi contient exactement 9 un certain nombre de fois.

La raison de ceci est que 7 5 6 4 8 6 2 7 peut être considéré comme composé de l'addition de 70000000, 5000000, 600000, 40000, 8000, 600, 20 et 7. On remarquera aussi qu'en divisant par 9 les nombres 10, 100, 1000, 10000, 100000 etc., on trouve toujours 1 pour reste. Donc si l'on divise par 9 chacun des nombres 70000000, 5000000, 600000, 40000, 8000, 600, 20, 7, on a les restes 7, 5, 6, 4, 8, 6, 2, 7, chiffres qui composent le nombre 75648627, et dont la somme est 45. Cette somme contient encore un nombre exact de fois 9. Je conclus alors que le nombre 75648627 est divisible par 9.

Le même raisonnement peut s'appliquer au nombre 3, car la division par 3 de 10, 100, 1000... etc., donne aussi pour reste 1.

61. *Cinquième remarque*. Un nombre est divisible par 11 si, en additionnant les chiffres de rangs impairs à partir de la droite, puis les chiffres de rangs pairs, les deux sommes sont égales ou ne diffèrent que d'un multiple de 11.

D'après cette remarque on voit que les nombres 1876457, 695728, 9254806, sont divisibles par 11. Le quotient du premier nombre par 11 est 170587 ; celui du 2ᵉ 63248, et celui du 3ᵉ 841346.

62. *Du plus grand commun diviseur.*

De tous les nombres qui peuvent diviser à la fois les deux termes d'une fraction, le plus grand commun diviseur, c'est-à-dire, le plus grand nombre qui puisse diviser les deux termes d'une fraction, est le plus important à connaître ; parce qu'après avoir divisé les deux termes de la fraction par ce plus grand commun diviseur, la simplification au-delà n'est plus possible.

Pour démontrer l'utilité du plus grand commun diviseur dans la simplification des fractions, supposons que l'on ait à simplifier la fraction $\dfrac{6545}{17017}$ on ne voit pas, au premier abord, que les deux termes de cette fraction sont divisibles par 1309, produit de 7, 11 et 17.

63. Nous allons maintenant expliquer la manière de trouver le plus grand commun diviseur en prenant pour exemple la fraction $\dfrac{322}{1127}.$

Si le numérateur 322 divisait exactement le dénominateur, ce numérateur serait le plus g. c. d., c'est ainsi qu'entre 15 et 75, 15 est le p. g. c. D. Si l'on veut simplifier la fraction $\dfrac{15}{75}$ on divisera les deux termes par 15 et l'on aura la fraction $\dfrac{1}{5}.$

Nous ferons remarquer qu'un nombre qui divise exactement plusieurs autres, divise aussi leur somme, leur différence et leur produit.

Supposons les deux nombres 35 et 15. Le nombre 5 divise séparément 35 et 15 ; il divise aussi leur somme, seulement le quotient augmente d'autant d'unités que ce nombre est contenu de fois dans celui que l'on ajoute au précédent; ainsi 5 est contenu 7 fois dans 35, et 3 fois dans 15. Dans leur somme il y est contenu 7 fois plus 3 fois ou 10 fois. Le nombre 5 divise leur différence, seulement le quotient du premier nombre est diminué d'un nombre d'unités égal au quotient de 15 par 3 ou $7 - 3 = 4$. Il divise aussi leur produit. En effet, le quotient de 35 par $7 = 5$. Le quotient de 15 fois 35 par 7 sera 15 fois plus grand, ou 75. Cela compris, revenons à la fraction $\dfrac{322}{1127}$. En divisant 1127 par 322, on trouve pour quotient 3, et pour reste 161. Ainsi le p. g. c. d. n'est pas 332, puisqu'il ne divise pas exactement 1127. Mais la division que nous venons de faire n'est pas inutile, car le p. g. c. d. entre 322 et 161 est le même qu'entre 1127 et 322, puisque $1127 = (322 \times 3) + 161$. Je cherche le p. g. c. d. entre 322 et 161.

La recherche du plus g. c. d. entre 1127 et 322 est donc ramenée à celle du p. g. c. d. entre 322 et 161, et comme ce dernier nombre divise exactement 322, il est le p. g. c. d. entre 322 et 161 et aussi entre 1127 et 322, puisque 1127 n'est autre que $(322 \times 3) + 161$. J'ai donc pour numérateur de la nouvelle fraction 2 et pour dénominateur 7. Donc la fraction $\dfrac{322}{1127} = \dfrac{2}{7}$.

On disposera le calcul de cette manière.

$$\begin{array}{c|c|c} 1127 & 3 & 2 \\ 161 & \overline{322} & 161 \\ & 000 & \end{array}$$

RÈGLE GÉNÉRALE.

Pour trouver le plus g. c. d. de deux nombres, il faut diviser le plus grand par le plus petit, ensuite le plus petit par le reste, le premier reste par le deuxième, celui-ci par le troisième, et ainsi de suite jusqu'à ce que la division se fasse sans reste; alors le dernier reste est le p. g. c. d. cherché.

Autre exemple.

Soit proposé de trouver le p. g. c. d. des deux termes de la fraction $\dfrac{1617}{2079}$.

Solution.

$$\begin{array}{c|c|c|c} 2079 & 1 & 3 & 2 \\ 42 & \overline{1617} & 462 & 231 \\ & 231 & 000 & \end{array}$$

On voit qu'après trois divisions successives on obtient à la dernière zéro, et que le nombre 231 est le plus g. c. d. entre 2079 et 1617. En effet, $2079 = 1617 + 462$, puis $1617 = 462 \times 2 + 231$. Mais en premier lieu, le nombre qui divisera $1617 + 462$ divisera aussi 2079, somme de ces deux nombres, en second lieu, le nombre qui divisera 1617 divisera aussi 462×3 ou $1386 + 231$ et par conséquent 2079; et en troisième lieu

$462 = 231 \times 2$. Donc le nombre 231 qui divise exactement 462 divise aussi $(462 \times 3) + 231$ ou 1617; mais s'il divise $1617 + 462$, il divise aussi leur somme 2079. Donc 231 est le p. g. c. d. entre 1617 et 2079. Divisant ensuite 1617 par 231 on a pour quotient 7. Ensuite 2079 divisé par 231 donne pour quotient 9, et alors la fraction $\dfrac{1617}{2079} = \dfrac{7}{9}.$

64. *Remarque*. Lorsque le dernier diviseur est 1, la fraction proposée est à sa plus simple expression. Telle est la fraction $\dfrac{63}{71}.$

71	1	7	1	7
8	63	8	7	1
	7	1	0	

<h3 style="text-align:center">65. Réduction des fractions au même dénominateur.</h3>

Pour réduire deux fractions au même dénominateur, il faut multiplier les deux termes de l'une par le dénominateur de l'autre.

Exemple.

Soit proposé de réduire au même dénominateur les fractions $\dfrac{5}{6}$ et $\dfrac{4}{7}.$

Pour cela je multiplie les deux termes 5 et 6 de la première par 7, dénominateur de la deuxième, et j'ai $\dfrac{35}{42}$; puis les deux termes de la seconde, 4 et 7, par 6, dénominateur de la première, et j'obtiens $\dfrac{24}{42}.$ Ces deux fractions n'ont pas changé de valeur, puisque les deux termes de chacune ont été multipliés par un même nombre.

66. En général, pour réduire plusieurs fractions au même dénominateur, il faut multiplier les deux termes de l'une par les dénominateurs des autres.

Exemple.

Réduire $\dfrac{3}{4} \quad \dfrac{1}{2} \quad \dfrac{2}{7} \quad \dfrac{1}{3} \quad \dfrac{4}{5}$ au même dénominateur.

Pour opérer cette réduction, je multiplie d'abord le numérateur 3 de la première, par les dénominateurs 2, 7, 3, 5 des autres fractions. J'obtiens 630, numérateur de la fraction qui doit représenter $\dfrac{3}{4},$ puis je multiplie le dénominateur par les mêmes nombres, j'obtiens 840 et la fraction $\dfrac{3}{4},$ est représentée par la fraction $\dfrac{630}{840}.$ J'agis de la même manière pour chacune des autres fractions et j'obtiens successivement

$$\dfrac{630}{840} \quad \dfrac{420}{840} \quad \dfrac{240}{840} \quad \dfrac{280}{840} \quad \dfrac{672}{840}.$$

On remarquera que le dénominateur 840 résulte du produit de tous les dénominateurs des cinq fractions à réduire.

On abrége de beaucoup la réduction au même dénominateur, en même temps que les fractions se trouvent simplifiées, en décomposant s'il y a lieu, les dénominateurs en nombres premiers.

68. Un nombre est dit premier quand il ne peut être divisé exactement que par lui-même ou par 1. Alors 5 est un nombre premier; car il ne peut être divisé que par 5 ou par 1 ; 6 n'est pas un nombre premier; car, outre qu'il peut être divisé par lui-même et par 1, il peut aussi être divisé exactement par 2 et par 3.

Exemple.

Soit proposé de réduire au même dénominateur les fractions $\dfrac{3}{4}\ \dfrac{7}{8}\ \dfrac{4}{15}\ \dfrac{7}{9}\ \dfrac{17}{18}.$

En décomposant en nombre premier j'ai :

$$\dfrac{3}{2\times2}\quad \dfrac{7}{2\times2\times2}\quad \dfrac{4}{3\times5}\quad \dfrac{7}{3\times3}\quad \dfrac{17}{2\times3\times3}.$$

Par cette décomposition des dénominateurs en nombres premiers, on voit que 2 est deux fois facteur dans 4, qu'il l'est 3 fois dans 8 ; que 3 et 5 sont facteurs premiers de 15, que 3 est deux fois facteurs premiers de 9 ; et que 2, 3 et 3 sont facteurs premiers de 18.

69. Maintenant pour trouver le plus petit dénominateur commun, je fais le produit de tous les 2 du dénominateur qui en donne le plus, par tous les 3 du dénominateur qui en fournit aussi le plus... etc., et j'ai un dénominateur commun formé du produit de $2\times2\times2\times3\times3\times5 = 360$.

Puis pour trouver les nouveaux numérateurs, je multiplie le quotient provenant de 56, divisé respectivement par chaque dénominateur, par les dénominateurs de chaque fraction, et j'ai :

$$\frac{3}{4} = \frac{360 \times 3}{4}, \quad \frac{7}{8} = \frac{360 \times 7}{8}, \quad \frac{3}{5} = \frac{360 \times 3}{5},$$

$$\frac{4}{15} = \frac{360 \times 4}{15}, \quad \frac{7}{9} = \frac{360 \times 7}{9}, \quad \text{et} \quad \frac{17}{18} = \frac{360 \times 17}{18}$$

$$\text{ou} \quad \frac{270 \ 315 \ 216 \ 96 \ 280 \ 340}{360}$$

Autre exemple.

$$\frac{5}{7} \quad \frac{19}{21} \quad \frac{13}{14} \quad \frac{2}{3} \quad \frac{8}{15} \quad \frac{21}{25}.$$

Dénominateur commun $= 2 \times 3 \times 5 \times 5 \times 7$ $= 1050$, cherchant ensuite les numérateurs j'obtiens :
$$\frac{750 \ 950 \ 975 \ 700 \ 560 \ 882}{1050}.$$

70.   *Addition des fractions.*

Pour réunir plusieurs fractions il faut qu'elles aient le même dénominateur ; alors on fait la somme des numérateurs, et à cette somme on donne pour dénominateur celui des fractions additionnées :

Exemple.

Soit proposé d'ajouter $\dfrac{5}{9}$ et $\dfrac{2}{9}.$

Ces fractions ayant le même dénominateur, je fais la somme des numérateurs, et j'obtiens $\dfrac{7}{9}.$

Autre exemple.

Soit proposé d'ajouter $\dfrac{4}{5}$ et $\dfrac{8}{9}.$

Réduites au même dénominateur, ces fractions

donnent $\dfrac{36}{45}$ et $\dfrac{40}{45}$ je fais la somme des numérateurs et j'ai $\dfrac{76}{45}$ ou $1 + \dfrac{31}{45}$.

Soit proposé d'ajouter $\dfrac{1}{4}\ \dfrac{2}{3}\ \dfrac{4}{5}\ \dfrac{5}{7}$.

Je réduis ces fractions au même dénominateur
et j'ai : $\dfrac{105\ 280\ 336\ 300}{420} = \dfrac{1021}{420} = 2 + \dfrac{181}{430}$.

71. *Des nombres fractionnaires.*

On appelle nombre fractionnaire un nombre composé d'unités et d'une fraction. Ainsi $8 + \dfrac{3}{4}$ est un nombre fractionnaire.

72. *Addition des nombres fractionnaires.*

Soit proposé d'ajouter $18 + \dfrac{2}{3}\ \ 7 + \dfrac{1}{2}\ \ 15 + \dfrac{4}{5}$

Je réduis au même dénominateur, et j'obtiens
$18 + \dfrac{20}{30}\ \ 7 + \dfrac{15}{30}$ et $15 + \dfrac{24}{30}$.

On voit par cet exemple, que pour faire l'addition des nombres fractionnaires, il faut faire la somme des fractions, retrancher, s'il y a lieu, les unités de cette somme et reporter à la colonne des unités celles qu'on a obtenues en additionnant les fractions.

$$\left.\begin{array}{l} 18 + 20 \\ 7 + 15 \\ 15 + 24 \end{array}\right\} 30$$

$$\dfrac{41 \qquad 59}{\ \ \dfrac{59}{30}} \text{ ou } 1 + \dfrac{29}{30}$$

73. *Soustraction des fractions.*

Si les fractions ont le même dénominateur, la différence des numérateurs donne la solution.

Exemple.

De $\dfrac{7}{9}$ ôtez $\dfrac{5}{9} = \dfrac{2}{9}.$ On voit que la différence est $\dfrac{2}{9}$. Si les fractions n'ont pas le même dénominateur, on les y réduit, puis on opère comme ci-dessus.

Exemple.

De $\dfrac{5}{8}$ ôtez $\dfrac{3}{7}$. Réduites au même dénominateur ces fractions donnent $\dfrac{35}{56}$ et $\dfrac{24}{56}$ différence $\dfrac{11}{56}$

74. *Soustraction des nombres fractionnaires.*

Soit proposé de trouver la différence entre $18 + \dfrac{1}{3}$ et $7 + \dfrac{1}{5}.$

Pour cela je réduis les fractions au même dénominateur, et j'ai $\left. \begin{array}{l} 18 + 5 \\ 7 + 3 \end{array} \right\} 15$

$$\text{Différence } \overline{11 + 2/15.}$$

75. Remarque. Il peut se faire que la fraction de la somme inférieure soit plus grande que celle de la somme supérieure.

Lorsque ce cas se présente, on ajoute à la fraction supérieure une unité de gauche que l'on divise en autant de parties que le dénominateur, puis on retranche.

Exemple

De $15 + \dfrac{3}{5}$ ôtez $8 + \dfrac{5}{6}$.

Solution.

Je réduis d'abord les fractions au même dénominateur et j'ai :
$$\left.\begin{array}{l} 15 + 18 \\ 8 + 25 \end{array}\right\} 30$$

différence $\quad 6 + \dfrac{23}{30}.$

Je ne puis retrancher 25 de 18, j'ajoute une unité de gauche qui vaut $\dfrac{30}{30}$ et 18 font $\dfrac{48}{30}.$

Retranchons $\dfrac{25}{30}$ de $\dfrac{48}{30}$ il reste $\dfrac{23}{30}$ puis j'ajoute 1 à la partie entière de la somme inférieure, ce qui fait 9, (il y a alors compensation), je retranche, 9 ôtez de $15 = 6.$

J'obtiens pour différence $6 + \dfrac{23}{30}.$

Autre exemple.

Soit proposé de retrancher $47 + \dfrac{5}{8}$ de 518.

Solution.

$$\begin{array}{l} 518 \\ 47 + \dfrac{5}{8} \\ \hline 470 = 3/8. \end{array}$$

Il n'y a pas de fraction à la somme supérieure: dans ce cas, j'y suppose une unité divisée en $\dfrac{8}{8}$ et de ces $\dfrac{8}{8}$ je retranche $\dfrac{5}{8}$, reste $\dfrac{3}{8}$? puis j'augmente la somme inférieure d'une unité; ainsi augmentée je retranche 48 de 518 différence 470 ; et $518 - 47 + \dfrac{5}{8} = 470 + \dfrac{3}{8}.$

76. PROBLÊMES SUR LA SIMPLIFICATION DES FRACTIONS, LA RÉDUCTION AU MÊME DÉNOMINATEUR, L'ADDITION ET LA SOUSTRACTION.

1. Quelle est la plus grande des fractions $\dfrac{4}{7} \quad \dfrac{7}{11} \quad \dfrac{2}{3}.$

2. Réduire à sa plus simple expression la fraction $\dfrac{7350}{20850}.$

3. Uu ouvrier a travaillé à un ouvrage une première fois 4 heures $\dfrac{3}{4}$ une deuxième fois 5 heures $\dfrac{1}{3}$, une troisième fois 12 heures $\dfrac{1}{2}$. Combien a t-il travaillé d'heures à cet ouvrage ?

4. Une personne est libre de choisir entre deux coupons d'étoffes, l'un de $\dfrac{5}{7}$ mètre, l'autre de $\dfrac{9}{16}.$ Lequel doit-elle préférer ? et combien aura-t-elle de plus en préférant le plus grand ?

5, Quelle est la différence des deux fractions $\dfrac{7}{9}$ et $\dfrac{8}{15}.$

6. Réduire à sa plus simple expression la fraction $\dfrac{8855}{31505}.$

7. Quel est le plus grand dénominateur commun entre les nombres 5475 et 8145 ?

8. Un ouvrier a travaillé pendant 9 h. $\frac{2}{3}$, un autre pendant 11 h. $\frac{7}{8}$. Combien d'heures le second a-t-il travaillé de plus que le premier ?

9. Quelle est la plus grande des fractions $\frac{9}{16}$ $\frac{17}{49}$, $\frac{16}{21}$, $\frac{5}{24}$ et $\frac{19}{24}$?

10. Quelle est la différence des deux nombres fractionnaires $41 + \frac{5}{7}$ et $19 + \frac{9}{11}$.

11. Quelle quantité faut-il ajouter à $18 + \frac{3}{5}$ pour avoir $75 + \frac{5}{9}$?

12. Il faut à un piéton 1 eure $\frac{1}{2}$ pour aller de la barrière de l'Etoile à celle de Belleville, de Belleville à la barrière du Trône, 1 heure $\frac{1}{4}$, de la barrière du Trône à la barrière Fontainebleau 1 heure $\frac{1}{3}$, de la barrière Fontainebleau à la barrière d'Enfer 1 heure $\frac{5}{6}$, de la barrière d'Enfer à la barrière de Vaugirard $\frac{3}{4}$ d'heure, et de celle-ci à la barrière de l'Etoile $\frac{9}{10}$ d'heure. Combien sera-t-il d'heures, partant de la barrière de l'Etoile pour y revenir, en passant par tous ces lieux indiqués ?

13. D'une pièce de drap de 72 mètres $\frac{5}{8}$ on en vend 27 m. $\frac{5}{6}$ Combien reste-t-il de mètres?

14. Une longueur a déjà 57 mètres $\frac{1}{3}$. De combien sera-t-elle si l'on y ajoute 18 mètres $\frac{6}{7}$?

15. Trouver le plus grand commun diviseur entre les nombres 256, 476, 539 et 945.

6. Un ouvrier compte faire un ouvrage en 16 jours $\frac{3}{4}$. Il y a déjà travaillé pendant 11 jours $\frac{5}{6}$. Dans combien de jours de travail aura-t-il terminé?

17. On veut remplir une pièce de vin avec du vin de trois qualités. On prend les $\frac{2}{7}$ dans une pièce, les $\frac{4}{9}$ dans une autre et le reste dans une troisième. Quelle partie formera cette dernière qualité?

18. Quelle est la plus grande des fractions $\frac{7}{9}$ $\frac{11}{15}$ $\frac{5}{6}$ $\frac{12}{13}$.

19. Simplifier, au moyen du plus grand commun diviseur, la fraction $\frac{88881}{207389}$.

20. Un ouvrier comptait faire un travail en 27 jours $\frac{3}{4}$. Il y a travaillé une 1re semaine 5 jours $\frac{2}{3}$, une 2e 4 jours $\frac{1}{4}$, une 3e 5 jours $\frac{4}{5}$, une 4e 6

jours $\dfrac{3}{10}$, une 5me 5 jours $\dfrac{2}{3}$ et il lui a encore fallu 5 jours $\dfrac{1}{8}$ pour terminer. Combien a-t-il employé de jours de plus qu'il ne pensait?

77. MULTIPLICATION DES FRACTIONS ET DES NOMBRES FRACTIONNAIRES.

On peut avoir à multiplier.

1° Une fraction par un nombre entier; $\dfrac{5}{7} \times 6$

2° Un nombre entier par une fraction $6 \times \dfrac{5}{7}$

3° Une fraction par une fraction $\dfrac{3}{4} \times \dfrac{5}{7}$

4° Une fraction par un nombre fractionnaire $\dfrac{5}{7} \pm 4 + \dfrac{3}{4}$

5° Un nombre fractionnaire par une fraction $4 + \dfrac{3}{4} + \dfrac{5}{7}$

6° Un nombre entier par un nombre fractionnaire $5 \times 7 + \dfrac{2}{9}$

7° Un nombre fractionnaire par un nombre entier $7 + \dfrac{2}{9} \times 5$

8° Et enfin un nombre fractionnaire par un nombre fractionnaire $7 + \dfrac{2}{5} \times 9 + \dfrac{1}{3}$

78. 1er *Cas*. Multiplier une fraction par 2, par 3, par 4... etc., c'est rendre cette fraction 2, 3, 4..... fois plus grande. Or, nous avons vu (n° 52) qu'on rend une fraction 2, 3, 4 fois plus grande en multipliant son numérateur par 2, 3, 4... etc.

Donc la fraction $\frac{5}{7} \times 6 = 4 + \frac{2}{7}$

79. 2e *Cas*. $6 \times \frac{5}{7}$. D'abord si nous adoptons comme axiome qu'on obtient le même produit en multipliant, par exemple, 3 par 5, qu'en multipliant 5 par 3, il sera facile aussi de comprendre qu'en multipliant $\frac{5}{7}$ par 6 on obtient le même produit qu'en multipliant 6 par $\frac{5}{7}$ ou $4 + \frac{2}{7}$. Néanmoins essayons une démonstration différente : si l'on avait à multiplier par 5, le produit serait 30, mais ce produit, dans l'exemple proposé, est 7 fois trop grand; car au lieu d'avoir à répéter 6, 5 fois, on n'a à le répéter que $\frac{5}{7}$ fois, par conséquent le produit 30 est 7 fois trop grand; il faut donc le rendre 7 fois plus petit, c'est ce qu'on fait en lui donnant 7 pour dénominateur.

En d'autres termes, multiplier 6 par $\frac{5}{7}$ c'est prendre 5 fois le septième de 6 ; or, le septième de 6 est $\frac{6}{7}$ répétons 5 fois nous obtenons $\frac{30}{7}$ ou $4 + \frac{2}{7}$.

80 3e *Cas.* $\dfrac{3}{4} \times \dfrac{5}{7}$. D'après la démonstration précédente, c'est prendre 5 fois le septième de $\dfrac{3}{4}$ or, le septième de $\dfrac{3}{4}$ c'est $\dfrac{3}{4 \times 7}$ qui, répétés 5 fois, donne $\dfrac{3 \times 5}{4 \times 7} = \dfrac{15}{28}$

On voit que pour obtenir le produit d'une fraction par une fraction, il faut multiplier numérateur par numérateur et dénominateur par dénominateur.

81. 4e *Cas.* $4 + \dfrac{3}{4} \times \dfrac{5}{7}$. D'abord nous ferons remarquer que pour réduire un nombre en $\dfrac{1}{2}$ en $\dfrac{1}{3}$ en $\dfrac{1}{4}$... etc., il suffit de multiplier ce nombre par 2, par 3, par 4... etc. Par exemple 9 entiers réduits en $\dfrac{1}{4}$ donnent $\dfrac{36}{4}$. Or, pour faire l'opération proposée, je réduis le nombre fractionnaire à deux termes, et j'ai $4 + \dfrac{3}{4} = \dfrac{19}{4}$. Multipliant ensuite $\dfrac{19}{4}$ par $\dfrac{5}{7} = \dfrac{95}{28}$ ou $3 + \dfrac{11}{28}$.

82 5me *Cas.* $\dfrac{5}{7} \times 4 + \dfrac{3}{4}$. Je réduis le nombre fractionnaire à deux termes et j'ai $\dfrac{5}{7} \times \dfrac{19}{4} = \dfrac{95}{4}$ ou $3 + \dfrac{11}{28}$

83. 6me *Cas.* $5 \times 7 + \dfrac{2}{9} = \dfrac{65}{9} \times \dfrac{325}{9} = 56 + \dfrac{1}{9}$

84. 7me *Cas.* $7 + \dfrac{2}{9} \times 5 = \dfrac{65}{9} \times 5 = \dfrac{325}{9}$
$= 36 + \dfrac{1}{9}$

85me *Cas.* $7 + \dfrac{2}{5} \times 9 + \dfrac{1}{3} = \dfrac{37}{5} \times \dfrac{28}{3} =$
$\dfrac{1036}{15} = 36 + \dfrac{1}{15}$

86. *De la division des fractions et des nombres fractionnaires.*

1° On peut avoir à diviser une fraction par un nombre entier $\dfrac{5}{9} : 4$

2o Un nombre entier par une fraction $8 : \dfrac{3}{5}$

3° Une fraction par une fraction $\dfrac{5}{7} : \dfrac{3}{4}$

4° Une fraction par un nombre fractionnaire $\dfrac{7}{8} : 3 + \dfrac{5}{7}$

5° Un nombre entier par un nombre fractionnaire $18 : 5 + \dfrac{3}{4}$

6o Un nombre fractionnaire par un nombre entier $25 + \dfrac{7}{9} : 6$

7° Un nombre fractionnaire par une fraction $41 + \dfrac{5}{6} : \dfrac{4}{5}$

8° Un nombre fractionnaire par un nombre fractionnaire $54 + \dfrac{5}{7} : 8 + \dfrac{2}{5}$

Solutions.

87 *Premier cas.* $\dfrac{5}{9} : 4 = \dfrac{5}{36}$. En effet, diviser une fraction par 4, c'est la rendre 4 fois plus petite. Or, on rend une fraction 4 fois plus petite en multipliant son dénominateur par 4 (n° 55).

88. *2ᵉ Cas.* $8 : \dfrac{3}{5}$. Si j'avais à diviser 8 par 3 j'aurais pour quotient $\dfrac{8}{3}$; mais j'ai seulement à diviser par $\dfrac{3}{5}$, et alors le quotient $\dfrac{8}{5}$ est 5 fois trop petit. Pour le rendre 5 fois plus grand, il suffit de multiplier le numérateur par 5, ce qui donne $\dfrac{40}{3}$, ou $13 + \dfrac{1}{3}$

Une autre preuve que $\dfrac{40}{3}$ est bien le quotient de $8 : \dfrac{3}{5}$ c'est que si je multiplie le quotient $\dfrac{40}{3}$ par $\dfrac{3}{5}$. J'obtiens pour produit $\dfrac{120}{15}$ ou 8 unités; et, d'après la définition de la division, le produit du quotient par le diviseur doit égaler le dividende.

89 *3ᵉ Cas.* $\dfrac{5}{7} : \dfrac{3}{4} = \dfrac{20}{21}$. En effet, diviser $\dfrac{5}{7}$ par $\dfrac{3}{4}$ c'est prendre 4 fois le tiers de $\dfrac{5}{7}$, car le quotient doit être 4 fois plus grand que si j'avais $\dfrac{5}{7}$ à diviser par 3. Or, $\dfrac{5}{7} : 3$ donne pour quotient $\dfrac{5}{7 \times 3}$ et $\dfrac{5 \times 4}{7 \times 3} = \dfrac{20}{21}$

90 4ᵉ *Cas.* $\dfrac{7}{8} : 5 + \dfrac{5}{7}$. Pour effectuer cette division, je réduis le nombre fractionnaire à deux termes, et j'ai : $\dfrac{7}{8} : \dfrac{26}{7} = \dfrac{49}{208}$.

91. 5ᵉ *Cas.* $18 : 5 + \dfrac{3}{4}$. En ramenant le nombre fractionnaire à deux termes j'ai $18 : \dfrac{23}{4} = \dfrac{72}{23} = 3 + \dfrac{3}{23}$.

92. 6ᵉ *Cas.* $25 + \dfrac{7}{9} : 6 = \dfrac{232}{54} = 4 \times \dfrac{16}{54}$.

En effet, diviser $23 + \dfrac{7}{9}$ par 6, c'est rendre $25 + \dfrac{7}{9}$ six fois plus petit, or, $4 + \dfrac{8}{27} \times 6$ donne $25 + \dfrac{21}{27}$ ou $25 + \dfrac{7}{9}$. Donc $4 + \dfrac{8}{27}$ est bien six fois plus petit que $25 + \dfrac{7}{9}$.

93 7ᵉ *Cas.* $41 + \dfrac{5}{6} : \dfrac{4}{5} = \dfrac{251}{6} : \dfrac{4}{5} = 5$ fois le $\dfrac{1}{4}$ de $\dfrac{251}{6}$. Or, le $\dfrac{1}{4}$ de $\dfrac{251}{6} = \dfrac{251}{6 \times 4}$ et 5 fois $\dfrac{251}{6 \times 4} = \dfrac{1255}{24} = 52 + \dfrac{7}{24}$.

94 8ᵉ *Cas.* $54 + \dfrac{5}{7} : 8 + \dfrac{2}{3} = \dfrac{383}{7} : \dfrac{26}{3} = \dfrac{1149}{182} = 6 + \dfrac{27}{182}$.

95 *Remarque.* En général, pour faire la division telle qu'elle se présente dans tous les cas ci-dessus, on multiplie le nombre entier, ou la

fraction, ou le nombre fractionnaire par le diviseur renversé, c'est-à-dire, le numérateur à la place du dénominateur, et réciproquement, après avoir donné pour dénominateur au nombre entier, l'unité s'il n'est pas une fraction.

Exemple.

$$\frac{7}{8} : \frac{2}{3} = \frac{7}{8} \times \frac{3}{2} = \frac{21}{16} = 1 + \frac{5}{16}$$

Autre exemple.

$$18 + \frac{5}{9} : 7 = \frac{167}{9} \times \frac{1}{7} = 2 + \frac{45}{63}$$

96.   *Des fractions de fraction.*

Il peut se faire qu'une fraction, au lieu d'exprimer des parties d'entier, n'exprime que des parties de fraction. Supposons trois quarts et demi. Je le représente ainsi $\frac{3}{4}$ et $\frac{1}{2}$

On ramène cette expression à deux termes en multipliant les deux termes de la première partie par le dénominateur de la seconde, et en ajoutant au produit fait avec le numérateur, le numérateur de la seconde partie ; de cette manière : 2 fois 3 font 6 et le numérateur 1 font 7 ; puis 2 fois 4 font 8. On a ainsi $\frac{7}{8}$. En effet $\frac{3}{4}$ réduits en huitièmes donnent $\frac{6}{8}$; mais $\frac{1}{2}$ quart égale $\frac{1}{8}$; et $\frac{6}{8} + \frac{1}{8} = \frac{7}{8}$

RÉDUCTION DES FRACTIONS EN DÉCIMALES.

Remarquons d'abord que dans la division, lorsque le diviseur est un nombre entier, le quotient exprime des unités de même espèce que le dividende. Donc, si je divise des dixièmes, des centièmes . . . . . par 2, par 3, par 4 . . . j'obtiendrai au quotient un nombre de dixièmes, de centièmes . . . etc., 2, 3, 4 . . . fois plus petit que le dividende. Mais je puis toujours transformer un nombre d'unités en dixièmes, en centièmes . . . etc., en ajoutant un, deux . . . zéros à la suite des unités. Ainsi, 35 unités font 350 dixièmes, 3500 centièmes . . . etc.

Remarquons ensuite que quand la division ne se fait pas sans reste, il faut, pour compléter le quotient, ajouter à la partie entière le reste de la division comme numérateur d'une fraction dont le diviseur est le numérateur.

Exemple.

Si je divise 35 par 8, j'ai pour quotient complet $4 + \dfrac{3}{8}$. Mais si je transforme ce nombre 35 en millièmes, par exemple, j'ai 35000 millièmes, et si maintenant je divise 35000 millièmes par 8, j'obtiens pour quotient 4375 millièmes, ou 4 unités et 375 millièmes.

$$
\begin{array}{r|l}
35000 & 8 \\
30 & \overline{4{,}375} \\
60 & \\
40 &
\end{array}
$$

Si j'examine maintenant comment j'ai obtenu

ces millièmes. Je reconnais que c'est en ajoutant des zéros à la suite du reste 3, ou, ce qui revient à la même chose à la suite du numérateur de la fraction qui complète le premier quotient.

Donc pour réduire une fraction en décimales, il faut ajouter au numérateur autant de zéros que l'on veut avoir de décimales au quotient, puis diviser ce numérateur, suivi des zéros que l'on a ajoutés, par le dénominateur.

Exemple.

Réduire $\dfrac{7}{8}$ — en décimales

$$\begin{array}{r|l} 70 & 8 \\ 60 & \overline{0,075} \\ 40 & \\ 0 & \end{array}$$

Le quotient est 0,875.

Autre exemple.

Réduire $\dfrac{5}{7}$ en décimales

$$\begin{array}{r|l} 50 & 7 \\ 10 & \overline{0,7142857} \\ 30 & \\ 20 & \\ 60 & \\ 40 & \\ 50 & \\ 1 & \end{array}$$

Je vois que cette fraction réduite en décimales donne 0,7142857 dix millionièmes.

A la vérité cette réduction de $\dfrac{5}{7}$ en décimales ne peut se faire exactement; mais la différence entre $\dfrac{5}{7}$ et 0,7142857 est de si peu d'impor-tance, (elle n'est pas le $\dfrac{1}{1000000}$) qu'on peut la regarder comme nulle.

98. Une fraction est irréductible en décimales quand elle est périodique, c'est-à-dire quand le deuxième chiffre du quotient est semblable au premier, ou le troisième au premier ou au deuxième, le quatrième à l'un des précédents, etc.

La fraction $\dfrac{5}{7}$ est irréductible , car , dans l'exemple précédent, on voit que la période revient au septième chiffre du quotient.

99. PROBLÊMES SUR LA MULTIPLICATION ET LA DIVISION DES FRACTIONS.

1. Les $\dfrac{11}{15}$ d'une forêt ont coûté 50875 francs. Quel est le prix du reste ?

2. Un ouvrier a gagné 4 fr. 75 en 7 heures $\dfrac{1}{4}$; Combien aurait-il gagné s'il eût travaillé pendant 11 heures $\dfrac{1}{2}$?

5. Une diligence parcourt 1 myr. 180 mètres par heure. Combien parcourra-t-elle en 18 heures $\dfrac{5}{4}$?

Un ouvrier compte faire un ouvrage en 17 jours $\dfrac{7}{8}$, mais il ne peut y employer chaque jour que $\dfrac{7}{9}$ de la journée. Pendant combien de jours faudra-t-il qu'il travaille à cet ouvrage pour le terminer?

5. Quel est le produit de 27 par $19 + \dfrac{5}{7}$?

6. Par quel nombre faut-il multiplier $\dfrac{5}{9}$ pour avoir au produit $65 + \dfrac{11}{16}$?

7. Quelle est la moitié des $\dfrac{4}{7}$ des $\dfrac{2}{3}$ de 9420

8. Une personne est entrée pour les $\dfrac{3}{25}$ dans une succession, et elle a reçu pour sa part 48000 francs. A combien montait la succession ?

9. J'ai de revenu annuel 2925 fr. 45 c., à combien dois-je borner ma dépense journalière si je veux économiser les $\dfrac{2}{25}$ de mon revenu pour mon entretien ?

10. Quel est le produit de 187 par $\dfrac{19}{25}$?

11. Quel sera le quotient si l'on divise $295 + \dfrac{3}{7}$ par $\dfrac{15}{16}$?

12. Une locomotive parcourt 3 myriamètres $\dfrac{4}{5}$ par heure. Combien mettra-t-elle d'heures à parcourir 72 myriamètres $\dfrac{2}{3}$?

13. Que trouvera-t-on pour produit si l'on multiplie $196 + \dfrac{3}{5}$ par $28 + \dfrac{5}{16}$?

14. Un commerçant achète 1850 kilog. de marchandise, il en vend les $\dfrac{3}{10}$ et gagne 145.

Combien gagnera-t-il sur le reste si son bénéfice se maintient au même taux ?

15. Quel est le nombre dont les $\dfrac{3}{4}$, le $\dfrac{1}{3}$ et les $\dfrac{4}{5}$ forment 9525 ?

16. Un degré du thermomètre centigrade vaut les $\dfrac{4}{5}$ d'un degré Réaumur. Le mercure devient solide à moins de 39 degrés Réaumur. A quel degré centigrade se solidifiera-t-il ?

17. Les $\dfrac{3}{8}$ et le $\dfrac{1}{7}$ d'un nombre égalent 406. Quel est ce nombre ?

18. Un ouvrier gagne 4 fr. 55 par jour. Combien lui doit-on pour 27 jours $\dfrac{7}{11}$ de travail ?

19. Convertir en décimales la fraction $\dfrac{13}{45}$

20. Un ouvrier a reçu 175 fr. 45 pour 35 journées $\dfrac{2}{3}$ de travail. Quel est le prix de la journée ?

21. Quel est le quotient de $\dfrac{4}{9}$ divisé par 7 $\times \dfrac{5}{6}$?

22. Une personne possède une certaine somme, si elle avait en plus les $\dfrac{7}{9}$ de cette somme, elle aurait 8172 francs. Quelle somme a-t-elle ?

23. Un maître de pension a 180 élèves répartis dans quatre classes. Il y en a le $\dfrac{1}{5}$ dans la pre-

mière le $\dfrac{1}{4}$ dans la deuxième, le $\dfrac{1}{3}$ dans la troisième, et le reste dans la quatrième. Combien y a-t-il d'élèves dans chaque classe?

24. Une personne possède un capital de 47220. Quel sera son capital si elle l'augmente des $\dfrac{3}{5}$

25. Une diligence doit parcourir 185 lieues $\dfrac{3}{4}$ en 68 heures $\dfrac{4}{5}$. Combien doit-elle parcourir de lieues par heure?

CHAPITRE VI.

CALCUL APPLIQUÉ AU TEMPS.

L'unité pour mesurer le temps est le jour. Il se divise en 24 heures, l'heure en 60 minutes, la minute en 60 secondes... etc.

L'année se compose de 365 jours 5 heures 48 minutes, 48 secondes.

L'année se divise encore en 12 mois, dont 7 ont 31 jours. Ce sont : Janvier, Mars, Mai, Juillet, Août, Octobre, Décembre. Quatre ont trente jours, ce sont : Avril, Juin, Septembre, Novembre.

Le mois de Février n'a que 28 jours et 29 jours les années bissextiles. Une année est bissextile quand son millésime est exactement divisible par 4. Ainsi, 1864 sera bissextile, puisque ce nombre est exactement divisible par 4. Font exception les années séculaires dont le millésime est divisible exactement par 400. Ainsi, l'an 2000 ne sera pas bissextile.

101. Le principe des décimales n'ayant pas été adopté jusqu'alors pour les multiples et les sous-multiples du temps, nous avons cru utile de faire un chapitre particulier pour cette partie de l'arithmétique.

102   *Addition.*

Soit proposé d'ajouter :

Années	Mois	Jours	Heures	Minutes	Secondes
8	3	7	9	53	8
17	7	11	16	13	4
15	8	15	19	16	35
4	11	18	4	5	45
46ᵃ.	6ᵐ.	23ʲ.	1ʰ.	28ᵐ.	32ˢ.

Pour faire cette opération je dispose ces quatre nombres de manière que les unités de même espèce soient placées les unes sous les autres. Cela fait, j'additionne les secondes, et je trouve 92 secondes, qui font 1 minute plus 32 secondes. J'écris 32 sous la colonne des secondes et je reporte 1 à la somme des minutes. Additionnant les minutes, je trouve 88 minutes qui font 1 heure 28 minutes. J'écris 28 sous la colonne des minutes et je reporte 1 à la somme des heures. J'additionne les heures; je trouve 49 heures qui font 2 jours et 1 heure. J'écris 1 sous la colonne des heures et je reporte 2 à la somme des jours; j'additionne et j'obtiens 53 jours qui font 1 mois et 23 jours. J'écris 23 sous la colonne des jours et je reporte 1 à la colonne des mois, j'additionne et je trouve

30 mois qui font deux ans et 6 mois j'écris 6 sous la colonne des mois, je reporte 2 à la colonne des années, et enfin j'additonne et je trouve 46 années 6 mois 23 jours 1 heure 28 minutes 32 secondes.

103   *Soustraction.*

Soit proposé de trouver la différence de :

	45 ann.	8 m.	13 j.	9 h.	48 min.
avec 17		9	8	16	37
Diff. 27		11	4	17	11
Preuve 45		8	13	9	48

Pour faire cette soustraction je place d'abord les unités de même espèce les unes sous les autres, ensuite je retranche 37 minutes de 48 minutes, différence 11 minutes; passant aux heures, je retranche 16 heures de 9 heures augmentées d'une unité de gauche, ce qui donne 33 heures, différence 17 heures. Pour qu'il y ait compensation, j'augmente d'un jour la somme inférieure des jours, ce qui donne 9 jours que je retranche de 13, différence 4 jours; puis je retranche 9 mois de 8 augmentés d'une unité de gauche, ce qui donne 20 mois, différence 11 mois. Enfin, j'augmente de 1 le nombre d'années de la somme inférieure, puis je retranche 18 de 45, différence 27. J'obtiens pour résultat 27 années 11 mois 4 jours 17 heures 11 minutes.

La preuve se fait de la même manière que celle des nombres entiers, en ajoutant la somme inférieure à la différence, il faut retrouver la somme supérieure.

MULTIPLICATION.

On appelle partie aliquote d'un nombre celui qui est contenu dans ce nombre un nombre exact de fois. 3 est partie aliquote de 9, 2 est partie aliquote de 8 . . . etc.

Cela compris : soit proposé de trouver le produit de 38 journées, 4 heures, 36 minutes, à raison de 3 f. 75 c. par journée de 12 heures.

Solution

$$3 \text{ fr. } 75$$
$$38^{j} \ 4^{h} \ 36^{m}.$$

Produit de 8 jours	30 00
Produit de 30 j.	112 5
Produit de 4 heures	1 25
Produit de 30 minutes	15625
Produit de 6 minutes	3125

$$143 \text{ f. } 93750$$

Je fais d'abord le produit de 38 journées à 3 f. 75 : ensuite, la journée étant de 12 heures, le produit de 4 heures est le tiers du produit de 12 heures, ou 1 f. 25 ; puis le produit de 36 minutes, je cherche le produit de 30 minutes ou $\frac{1}{2}$ heure c'est le $\frac{1}{8}$ du produit de 4 heures, ou 0 fr. 15625. Il me reste à trouver le produit de 6 minutes ; mais le produit de 6 minutes est le $\frac{1}{5}$ du produit de 30 minutes, ou 0 fr. 03125.

Tous ces produits additionnés donnent 143 f. 9375.

Autre procédé.

On peut réduire le multiplicande en unités de

la plus petite espèce ; 38 jours 4 heures 36 minutes donnent 27636 minutes, ou $\dfrac{27636}{720}$ heures.

Puis on a 3 fr. 75 $\times \dfrac{27636}{720} = \dfrac{10363500}{720} =$

143 fr. 9375.

38	27636	10363500|720
12	3,75	3163 |143,9375
76	138180	2835
384	193452	6750
460ʰ	82908	2700
60	10363500	5400
27600		3600
36		000
27636ᵐ		

Autre exemple :

Un ouvrier fait 3 m. 55 c. d'un ouvrage par
jour. Combien aura-t-il fait de mètres en 18
jours 6 heures 12 minutes. La journée de travail étant de 9 heures.

Solution.

3ᵐ55

18ʲ6ʰ12ᵐ

Produit de 8ʲ.	2840		
Produit de 10ʲ.	355		
Produit de 3ʰ.	118 + 1/3	15)	
Produit de 3ʰ.	118 + 1/3	15}	45
Produit de 12ᵐ.	7 + 40/45	40)	

66ᵐ34 $+ \dfrac{25}{45}$ $\dfrac{70}{45}$

25

45

Pour faire cette opération, je fais d'abord le produit du nombre décimal par 18 jours ; ensuite je décompose 6 heures en parties aliquotes de la journée. 3 heures étant le $\frac{1}{3}$ de 9 heures, le produit de 3 h. égale le $\frac{1}{3}$ du produit de 9 heures, ce qui donne 1 m. $18 + \frac{1}{3}$, le même produit pour les 3 autres heures ; puis 12 minutes étant la $\frac{1}{5}$ partie de 1 heure, le produit de 12 minutes est donc la $\frac{1}{15}$ partie de celui de 3 heures ou 0ᵐ 07 $+ \frac{40}{45}$

J'additionne ces différents produits, après avoir réduit au même dénominateur les fractions, et j'ai pour résultat 66 m. $34 + \frac{5}{9}$

105   *Division*

Un ouvrier a fait 148 m. 25 d'un certain ouvrage en 7 jours 8 heures 45 minutes. Quelle partie de l'ouvrage a été faite par jour, la journée de travail étant de 11 heures?

Solution.

```
148,25
   11
―――――
14825
14825
―――――
1630,75
     60
―――――――
9784500
 46395
 09000
 38550
  2535
```

```
   11
    7
―――――
   77
   8ʰ
―――――
   85
   60
―――――
 5100
   45
―――――
5145ᵐ
19ᵐ017
```

Pour faire cette opération, je réduis 7 jours, 8 heures, 45 minutes, en minutes, ce qui fait 5145 minutes. Ensuite je multiplie 148 m. 25 par 11 et par 60, nombres qui ont multiplié pour réduire les jours et les heures en minutes ; puis divisant le produit 97845 par 5145, j'obtiens 19 m. 017.

CHAPITRE VII.

106. NUMÉRATION EN CHIFFRES ROMAINS.

Les chiffres romains sont : I, V, X, L, C, D, M.

D'abord le signe I représente l'unité, attendu que, pour le désigner on lève un doigt qui représente assez ce signe.

Le signe X représente 10, parce que les anciens, pour représenter ce nombre, croisaient les deux bras sur la poitrine en forme d'X.

Le signe V représente 5 tout naturellement, puisqu'il est la moitié de X.

Le signe C étant l'initiale de cent représente ce nombre.

L représente cinquante, parce qu'autrefois la lettre C était ainsi formée ⊏ et que L en est la moitié.

La lettre M étant l'initiale de mille représente ce nombre ; autrefois la lettre M avait cette forme (ɔ). Voilà pourquoi D, qui en est la moitié, représente cinq cents.

107. *Première remarque.* — Une lettre placée devant une autre et représentant une quantité inférieure à celle devant laquelle elle se trouve, s'en retranche. Exemple IV, lisez quatre, XL, lisez quarante. CD. lisez quatre cents... etc.

Cela compris. Écrire en chiffres romains, mil huit cent quarante neuf. MDCCCIL.

108. *Deuxième Remarque.* — On voit, par ce qui précède, qu'on n'écrit jamais quatre fois de suite la même lettre. Ainsi IV, IX, XIV, XXXIX, XL, lisez quatre, neuf, quatorze, trente-neuf, quarante.

109. *Troisième Remarque.* — Un trait horizontal placé au dessus d'un nombre indique que ce nombre exprime des millions, deux traits indiquent des billions, etc...

CHAPITRE VIII.

110. FORMATIONS DES CARRÉS ET EXTRACTIONS DE LEURS RACINES.

Le carré d'un nombre est le produit par lui-même.

Ainsi le carré de 256 est 65536.

$$\begin{array}{r} 256 \\ 256 \\ \hline 1536 \\ 1280 \\ 512 \\ \hline 65536 \end{array}$$

En examinant la manière dont est formé ce produit, on voit qu'il comprend le

carré des unités	36
Le double produit des dizaines par les unités	$\begin{cases} 300 \\ 300 \end{cases}$
Le carré des dizaines	2500
Le double produit des unités par les centaines.	$\begin{cases} 1200 \\ 1200 \end{cases}$
Le double produit des centaines par les dizaines.	$\begin{cases} 10000 \\ 10000 \end{cases}$
Enfin le carré des centaines	40000
	65536

111. On appelle racine carrée d'un nombre, un autre nombre qui, multiplié par lui-même, reproduirait le premier.

Ainsi, 4 est la racine carrée de 16. 7 est la racine carrée de 49, puisque 7 fois 7 font 49.

112. L'opération qui sert à trouver la racine carrée d'un nombre s'appelle racine carrée.

Pour extraire la racine carrée d'un nombre, il faut la partager par tranches de deux chiffres à partir de la droite. Je dis qu'il faut le partager par tranches de deux chiffres; car le plus grand nombre que peut donner le carré d'un chiffre est au moins de un et au plus de deux. En effet, le carré de 9 produit 81. Le chiffre qui représente les dizaines à la racine ne peut donc se trouver que dans le troisième et le quatrième de droite, attendu que le carré formé de deux chiffres en contient au moins trois et au plus quatre ; 10, le plus petit nombre de deux chiffres, élevé au carré donne 100, et le plus grand nombre 99 donne 9801. Le chiffre des centaines de la racine ne peut se trouver que dans le cinquième ou le sixième chiffre, parce que le plus petit nombre composé de trois chiffres élevé au carré donne au moins cinq chiffres au produit, et au plus 6, etc...

Soit proposé d'extraire la racine carrée de 65536.

Solution.

```
6,55,36|256
  255  |45
  3036 |506
  000
```

Je cherche la racine carrée de la tranche de gauche; elle est de 2. J'écris 2 à la racine. J'élève 2 au carré, ce qui donne pour produit 4 que je retranche de 6, différence 2. A côté de ce reste j'abaisse la tranche suivante 55, dont je sépare le chiffre de droite. La partie 25 représente le double produit des centaines par les dizaines, plus les centaines provenant du carré des dizaines. Or, je retranche le chiffre de droite qui représente les unités produites par le carré des dizaines, et le double produit des centaines par les unités, et ne peut conséquemment résulter du double produit des centaines par les dizaines. Je divise 25 par le double des centaines de la racine, attendu que 25 résulte du double produit des dizaines par les centaines, etc. Je ne puis porter que 5 à la racine. J'écris 5 aussi au double de la racine, je fais le produit de 45 par le chiffre de la racine, et je retranche 225, différence 30. A côté de ce reste j'abaisse la dernière tranche 36, dont je sépare le dernier chiffre. La partie de gauche renferme le carré des dizaines augmenté du report des centaines provenant de la somme du double produit des centaines par les unités, et de celle qui peut résulter du double produit des unités par les dizaines, puis je double la racine déjà trouvée, et je cherche combien 303 contient de fois 50.

Il le contient 6 fois, j'écris 6 à la racine et à droite du double; enfin je multiplie 306 par les unités de la racine, j'obtiens 3036 que je retranche de 3036, différence zéro. D'où je conclus que 256 est la racine carrée de 65536.

113. *Remarque.* — On reconnaît que le chiffre porté à la racine n'est pas assez grand, quand le reste égale le double de la racine augmenté de 1. La raison est facile à comprendre si l'on veut examiner la manière dont se compose la différence des carrés de deux nombres immédiats, on verra qu'elle égale le double du petit nombre augmenté de l'unité. Prenons pour exemple les nombres 5 et 6.

Le carré de 5 est 25, et celui de 6 est 36. Mais 36 surpasse 25 de 11, et c'est précisément deux fois 5 plus 1. En effet, 25 est composé de 5 répété 5 fois, et 36 est composé de 6 répété 6 fois, ou de 5 répété 6 fois, plus 6 fois 1 : Le nombre 36 surpasse donc 25 de 5 $+$ 6, ou deux fois 5 plus 1.

Preuve.

114. On fait la preuve en élevant au carré la racine trouvée, et en ajoutant au produit le reste, s'il y a lieu, on doit trouver au produit le nombre dont on a extrait la racine.

Si l'on fait la preuve par 9, on suit le même procédé que pour la preuve de la division; la racine est deux fois facteur.

Autre Exemple.

Soit proposé d'extraire la racine carrée de 2185438.

Solution.   Preuve.

```
4 — 2185438|1478                   1478
     118     |‾‾‾‾       2           1478
      2254   | 24        2          ‾‾‾‾‾‾
      24538  | 287       4          11824
4 —      954 | 2948      ‾          10346
                                     5912
                                     1478
                                      954
                                    ‾‾‾‾‾‾‾
                                    2185438
```

115. *Remarque.* On voit dans l'exemple précédent que la racine carrée de 2185438 est entre 1478 et 1479, puisqu'il reste 954.

Si l'on veut connaître la racine carrée à moins de $\frac{1}{10}, \frac{1}{100}, \frac{1}{1000}$ etc., près, il faut ajouter à la droite du nombre dont on extrait la racine autant de fois deux zéros que l'on veut avoir de décimales à la racine.

Exemple.

Soit proposé d'extraire la racine carrée, à moins d'un centième près, de 3185495.

Solution.

```
3,18,54,95  |1784,79       La racine car-
21 8        |‾‾‾‾‾‾‾        rée de 3185495, à
  295,4     | 27           moins d'un centième
  1709,5    | 348          près est de 1784,79.
   28390,0  | 3564
  340910,0  | 35687
     196559 | 356949
```

116. DE LA FORMATION DES CUBES ET DE L'EXTRACTION DE LEURS RACINES.

117. Cuber un nombre, c'est élever ce nombre à la 3e puissance. C'est ainsi que le cube de 3 est 27, celui de 4 est 64. On voit que pour cuber un nombre il faut multiplier son carré par ce nombre.

Soit proposé de cuber 456

117. L'extraction de la racine cubique est une opération qui ramène du cube à sa racine.

Soit proposé d'extraire la racine cubique de 94818816

Solution.

```
94,818,816 | 456      16
64         | ‾‾‾       3
‾‾‾‾‾‾‾     |  48      ‾‾‾‾
  30818            48      45
  91125                    45
‾‾‾‾‾‾‾‾                  ‾‾‾‾‾
   3693816    6075         225
 94818816                 180
‾‾‾‾‾‾‾‾‾                 ‾‾‾‾‾
 00000000                2025
                           45
                        ‾‾‾‾‾‾
                        10125
                         8100
                        ‾‾‾‾‾‾
                        91125
```

Solution.

```
      456
      456
    ‾‾‾‾‾‾
     2736
    2280
   1824
   ‾‾‾‾‾‾‾
    207936
       456
   ‾‾‾‾‾‾‾‾
    1247616
   1039680
    831744
   ‾‾‾‾‾‾‾‾‾
    94818816

      2025
         3
    ‾‾‾‾‾‾
     6075

           456
           456
         ‾‾‾‾‾‾
          2736
          2280
          1824
         ‾‾‾‾‾‾‾
          207936
             456
         ‾‾‾‾‾‾‾‾
          1247616
          1039680
           831744
         ‾‾‾‾‾‾‾‾‾
           94818816
```

Pour faire cette opération, je partage d'abord ce nombre par tranches de trois chiffres à partir de la droite; ensuite je cherche la racine cubique de la première tranche de gauche; elle est de 4. J'écris 4 au dessus de la ligne horizontale. Je cube 4 et je retranche 64, cube de 4; de 94, il reste 30. A côté de ce reste j'abaisse la tranche suivante dont je sépare par un point les deux chiffres de droite. Je multiplie par 3 le carré de la racine déjà trouvée, ce qui donne 48. Je cherche en 308, partie de gauche du dividende, combien de fois 48, il le contient 5 fois. J'écris 5 à la racine, puis je cube 45, ce qui donne 91125; je retranche ce nombre des deux premières tranches du nombre donné, il reste 3693. A côté de ce reste j'abaisse la troisième tranche de laquelle je sépare les deux premiers chiffres de droite. Je cherche combien la partie de gauche 36938 contient de fois le triple carré de la racine, c'est-à-dire 2025×3 ou 6075; elle le contient 6 fois, je porte 6 à la racine. Enfin, je cube 456, et je trouve 94818816, produit égal au nombre proposé; d'où je conclus que la racine cubique de $94818816 = 456$.

118. *Remarque*. Il y a similitude pour la manière d'extraire la racine cubique avec celle dont on se sert pour la racine carrée. Si, comme nous l'avons fait remarquer, (n° 112) on sépare par tranches de deux chiffres pour la racine carrée, c'est parce que la racine des unités, par exemple, ne peut se trouver que dans les deux premiers chiffres de droite, attendu que le carré d'un nombre composé avec un seul chiffre ne peut en produire plus de deux, et que le carré

d'un nombre composé de deux chiffres, et par conséquent de dizaines, ne peut en produire moins de trois. De même, pour la racine cubique, on sépare par tranches de trois, parce que le cube d'un nombre composé d'un chiffre ne peut en produire plus de trois, s'il est composé de deux chiffres, il ne peut en produire moins de 4 et au plus 6... etc.

Soit proposé d'extraire la racine cubique de 7149356, à moins d'un centième près.

```
7,1493,56,000,000 |192,64    19         361        192
61,49             |3         19          3         192
6859                         ────       ────       ────
────                          471       1083        384
2903,56              1083     19                    1728
7077888                      ────                    192
                              361                   ────
714680,00            110592   19                   36864
7144450776                   ────                    192
────                         3249                   ────
 ...49052240,00               361                   73728
  7148903071744              ────                  331776
────                         6859                   36864
   ...452928256                                     ────
                   11128328            36864        7077888
        19264                             3          1926
        19264                          ────          1926
        ────              110592                    ────
         77056                                      11556
     115584                                          3852
      38528                            3709476      17334
     173376                               3          1926
      19264                            ────         ────
     ────                             11128428      3709476
      371191696                                      1926
        19264                                       ────
     ────                                          22256856
    1484406784                                      741935
    2226610176                                     33385284
     742203392                                      3709476
     333991526                                     ────
     371101696                                     7144450776
     ────
     7149903071744
```

La racine cubique de 7149356, à moins d'un centième près, est de 192, 64.

On voit que pour avoir la racine cubique d'un nombre, à moins d'un centième près, il faut ajouter 6 zéros à ce nombre, puisque chaque tranche de trois chiffres en produit seulement un à la racine.

119. *Remarque.* — La différence des cubes immédiats est égale à trois fois le carré du petit nombre, plus trois fois ce nombre plus 1. Donc, quand on a reconnu que la différence égale trois fois la racine trouvée, plus trois fois cette racine plus 1, le chiffre porté à la racine est trop faible.

$$
\begin{array}{lll}
5 & 6 & 25 \\
5 & 6 & 3 \\
\hline
25 & 36 & 75 \text{ trois fois le} \\
5 & 6 & \quad\ \text{carré du petit} \\
\hline
125 \text{ cube de 5} & 216 \text{ cube de 6} & 5 \quad\ \text{nombre.} \\
& 125 & 3 \\
\cline{2-3}
& 91 \text{ différence} & 15 \text{ trois fois le pe-} \\
& & \quad\ \text{tit nombre.}
\end{array}
$$

$75 + 15 + 1 = 91$, différence de 216 à 125, cubes des nombres 6 et 5.

120. *Extraction de la racine carrée des fractions.*

Elever un nombre au carré c'est multiplier ce nombre par lui-même. Elever une fraction au carré, c'est donc multiplier cette fraction par elle-même. C'est ainsi que le carré de $\dfrac{4}{7} = \dfrac{16}{49}$

Donc pour extraire la racine carrée d'une fraction il faut extraire la racine carrée du numérateur et celle du dénominateur. L'opération donne respectivement les termes de la fraction.

La racine carrée de 16 est 4, et celle de 49 $=$ 7 ; la racine carrée de $\dfrac{16}{49} = \dfrac{4}{7}$

121. Si le dénominateur de la fraction n'est pas un carré parfait, ou multipliera les deux termes de la fraction par le dénominateur, puis on extraira la racine carrée de la nouvelle fraction. Si le numérateur n'est pas un carré parfait, et que l'on ait pris la racine du numérateur à moins de 1 dixième, de 1 centième... etc.. près, on aura la racine à moins de 1 dixième, de 1 centième du dénominateur près.

Exemple :

Soit proposé d'extraire la racine carrée de la fraction $\dfrac{4}{5}$

Le dénominateur n'étant pas un carré parfait, je multiplie les deux termes de la fraction par 5, ce qui donne $\dfrac{20}{25}$. J'extrais la racine carrée du numérateur, et j'ai $\dfrac{4,472}{5}$, puisque la racine carrée de 20 $=$ 4,472, et celle de 25 $=$5 ; et afin de ne pas avoir deux fractions à exprimer, je réduis $\dfrac{4,472}{5}$ en décimales, et j'ai 0.8944.

$$\begin{array}{r|l} 4,472 & 5 \\ 47 & \overline{0,8944} \\ 22 & \\ 20 & \\ 0 & \end{array}$$

La même remarque est applicable à la racine

cùbique d'une fraction ; seulement il faut élever le dénominateur à la troisième puissance.

CHAPITRE IX.

122.   Des proportions.

Il y a deux sortes de proportions : la proportion arithmétique ou par différence, et la proportion géométrique ou par quotient.

123. Une suite de nombres sont en proportion arithmétique quand la différence entre le premier et le deuxième est la même qu'entre le deuxième et le troisième, qu'entre le troisième et le quatrième... etc. 1, 3, 5, 7, 9, 11, sont en proportion arithmétique.

Dans une proportion arithmétique, la somme des extrêmes égale la somme des moyens. En effet, le second terme surpasse le premier de la même quantité, par exemple, que le dernier surpasse celui qui le précède, et l'on a $1 \times 11 = 3 + 9 = 5 + 7$.

124. Quatre nombres sont en proportion géométrique lorsque le premier contient le second autant de fois que le troisième contient le quatrième.

Exemple.

15 : 5 :: 12 : 4. Lisez 15 est à 5 comme 12 est à 4.

125. Dans une proportion géométrique, on appelle rapport ou raison le nombre de fois que le premier terme contient le deuxième. Le rapport dans la proportion ci-dessus est 3, car 15 contient 5 trois fois.

126. Le premier terme d'une proportion s'appelle antécédent et le deuxième, conséquent.

Quand l'antécédent est plus grand que le conséquent, le rapport est un nombre entier ou fractionnaire, selon que la division ne se fait pas exactement. Le rapport de 24 à 6 est 4, et celui de 27 à 5 est $5 + \dfrac{2}{5}$

Si l'antécédent est moindre que le conséquent, le rapport est une fraction. Le rapport de 5 à 7 est $\dfrac{5}{7}$.

127. On prouverait également qu'en divisant les deux termes d'un rapport par un même nombre, ce rapport ne change pas non plus de valeur.

Prenons pour exemple le rapport ci-dessus $\dfrac{5}{7}$.

Si l'on divise par 3 l'antécédent 5 et le conséquent, on a $\dfrac{5}{3}$ et $\dfrac{7}{3}$: Or $\dfrac{5}{3} : \dfrac{7}{3} = \dfrac{5}{3} \times \dfrac{3}{7} = \dfrac{15}{21} = \dfrac{5}{7}$.

128. Le premier terme d'une proportion géométrique est appelé premier antécédent, le deuxième, premier conséquent, le troisième terme, deuxième antécédent, et le quatrième terme, deuxième conséquent. Le premier et le quatrième termes sont aussi appelés extrêmes, et le deuxième et le quatrième, moyens.

129. Dans toute proportion géométrique le produit des extrêmes égale le produit des moyens.

Pour le démontrer, remarquons d'abord que le rapport entre le premier et le second terme est le même qu'entre le troisième et le quatrième.

Supposons la proportion 2 : 3 :: 14 : 21.

Or, le rapport $\dfrac{2}{3} = \dfrac{14}{21}$. Mais si l'on divise l'une par l'autre deux égalités, il est évident que le quotient sera 1, conséquemment $\dfrac{2}{3} : \dfrac{14}{21} = \dfrac{2}{3} \times \dfrac{21}{14} = \dfrac{42}{42} = 1$.

On voit par cette opération que le numérateur 42 résulte du produit de 2 par 21 ; mais 2 et 21 sont les extrêmes. Le dénominateur est le résultat de 3×14, 3 et 14 sont les moyens.

130. Connaissant les termes d'une proportion, il est facile de trouver le quatrième.

En effet, supposons les trois termes 7 : 14 :: x : 18. Nous venons de voir que le produit des extrêmes égale le produit des moyens. Le produit de 7 par 18 = 126 ; mais ce produit est aussi celui des moyens ; et, d'après la définition de la division (n° 21), si nous considérons 126 comme produit des moyens, 14 est un des facteurs de ce produit. Or, si je divise 126 par 14, j'obtiendrai pour quotient l'autre facteur, qui est 9. Remplaçant X par 9, j'ai pour proportion 7:14:: 9:18.

131. En général, pour trouver le terme inconnu d'une proportion, il faut, si c'est un extrême, diviser le produit des moyens par l'extrême connu; et, si l'inconnu est un moyen, diviser par le moyen connu le produit des extrêmes.

Exemples.

$$27 : 12 :: 54 : x \quad \frac{54 \times 12}{27} = \frac{648}{27} = 24$$

On voit que le 2me extrême est 24.

$$17 : 85 :: x : 234 \quad \frac{17 \times 234}{85} = \frac{3978}{85} = 46 + \frac{68}{85}$$

Le troisième terme est ici $46 + \frac{68}{85}$

132. DÉPLACEMENTS QUE L'ON PEUT FAIRE SUBIR AUX TERMES D'UNE PROPORTION.

Nous venons de voir que le produit des extrêmes égale le produit des moyens. On est donc assuré qu'en déplaçant, soit les extrêmes, soit les moyens. ce déplacement effectué convenablement, laisse encore subsister la proposition.

Supposons la proportion $\quad$ 12 : 4 :: 15 : 5

1o Je puis changer de place les moyens, et j'ai $\quad$ 12 : 15 :: 4 : 5

2° Je puis changer de place les extrêmes $\quad$ 5 : 4 :: 15 : 12

3° On peut mettre les extrêmes à la place des moyens $\quad$ 4 : 12 :: 5 : 15

4° Du premier antécédent et du premier conséquent, on peut en faire le 2e antécédent et le 2e conséquent $\quad$ 15 : 5 :: 12 : 4

5° Du 2e extrême je puis faire le premier et du 2e moyen le premier moyen $\quad$ 5 : 15 :: 4 : 12

6° Du 2me moyen je puis faire le

1er extrême, et du 1er extrême, le
1er moyen

7° Et enfin du 1er moyen je puis en
faire le 1er extrême, et du 2e extrême, le 1er moyen. $4 : 5 :: 12 : 15$

On voit, par ce qui précède, que les termes d'une proportion peuvent être placés de huit ma-nières différentes sans cesser pour cela d'être en proportion.

133. Dans une proportion, si l'on augmente l'antécédent de son conséquent, on augmente le rapport d'une unité.

Exemple.

Le rapport de 12 à 4 est 3; si j'ajoute le consé-quent 4 à son antécédent 12, j'ai $16 : 4 = 4$, ou le rapport augmenté d'une unité. Il en doit être ainsi, car, puisque le deuxième terme est 4, le rapport augmentera d'autant d'unités que l'on ajoutera de fois 4 au premier terme.

134. Réciproquement. On diminue le rapport d'une unité si l'on retranche le 2e terme du pre-mier.

Exemple.

Le rapport de 18 à 3 est 6. Retranchons le 2e terme du premier nous aurons : $15 : 3 = 5$. Cela doit être, puisque le rapport se compose d'autant d'unités que 3 est contenu de fois dans 18. Il est donc évident qu'en retranchant 3 de 18, on retranche aussi une unité du rapport.

135. Si l'on fait le produit des termes corres-pondants de plusieurs proportions, les produits obtenus sont encore en proportion, et ont pour

rapport le produit des rapports de toutes ces proportions ainsi réunies en une seule.

Exemple.

Soit les trois proportions $\begin{cases} 12 : 3 :: \ \ 8 : 2 \\ 14 : 7 :: 10 : 5 \\ \ \ 6 : 2 :: 24 : 8 \end{cases}$

En faisant les produits des termes correspondants des trois proportions qui précèdent, on a la proportion suivante : $\quad 1008 : 42 :: 1920 : 80$.

Le rapport de cette dernière proportion est 24, produit de $4 \times 2 \times 3$, rapport de la 1re de la 2e et de la 3e proportiou.

En effet, dans la première on a $12 = 3 \times 4$.
— dans la deuxième — $\quad 14 = 7 \times 2$.
— dans la troisième — $\quad 6 = 2 \times 3$.

Réunissons ces trois égalités en une seule, nous aurons : $12 \times 14 \times 6 = 3 \times 4 \times 7 \times 2 \times 2 \times 3$. Mais les termes 4, 2 et 3 sont les rapports respectifs des trois proportions ci-dessus, et leur produit égale 24.

136. RÈGLES DE TROIS.

On appelle règle de trois un problème à résoudre, lequel est composé de trois termes connus d'abord, au moyen desquels on en découvre un quatrième qui est en rapport avec un des termes donnés, comme les deux autres sont en rapport entre eux.

Dans toute règle de trois, deux des termes donnés sont de la même espèce. L'autre est de la même espèce que le terme que l'on cherche

Exemple,

16 mètres de drap ont coûté 288 francs. Combien coûteront 25 mètres de même drap ?

Dans cet exemple on voit que 16 mètres et 25 mètres sont des choses de même espèce, et que le quatrième terme que l'on cherche est de la même espèce que le deuxième, c'est-à-dire un nombre de francs. De plus, le nombre cherché est en rapport avec 288, comme le nombre 25 mètres est en rapport avec le nombre 16 mètres. Donc, pour trouver le quatrième terme j'établis la proportion suivante : $16 : 25 :: 288 : x$. Faisant l'application de la méthode pour trouver l'inconnu d'une proportion (n° 131) j'ai $x = \dfrac{25 \times 288}{16} = 450$ qui est le 4me terme de la proportion ou la somme que l'on doit payer pour 25 mètres de drap. On peut aussi, pour résoudre ce problème, établir ce raisonnement : 16 m. de drap coûtent 288 fr. un seul mètre coûte 16 fois moins ou $\dfrac{288}{16}$, et 25 mètres 25 fois plus ou $\dfrac{288}{16} \times 25 = 450$ fr.

$$
\begin{array}{r}
288 \\
25 \\
\hline
1440 \\
576 \\
\hline
7200 \\
80 \\
000
\end{array}
\quad
\begin{array}{|l}
16 \\
\hline
450
\end{array}
$$

137. La règle de trois est simple ou composée, directe ou inverse.

138. La règle de trois est simple lorsque, dans l'énoncé, il n'y pas plus de quatre termes, dont trois sont connus. Elle est composée quand l'énoncé renferme plus de quatre termes.

139. La règle de trois est directe quand deux

des termes augmentent en proportion de ceux auxquels ils sont relatifs.

Exemple.

30 ouvriers ont fait 180 mètres d'ouvrage en un certain nombre de jours. Combien 90 autres ouvriers de même force feront-ils de mètres du même ouvrage pendant le même temps ?

Cette règle de trois est directe. En effet, il est évident que si le second nombre d'ouvriers est double, triple... etc., du premier, le nombre de mètres qu'ils feront devra être aussi double, triple... etc., du premier. Mettant ces termes en rapport j'ai : $30 : 90 :: 180 : x$

$$\frac{90 \mid 30}{16200 \mid 540}$$
$$120$$
$$000$$

On voit par cet exemple que le nombre d'ouvriers dans le second cas étant trois fois plus grand que dans le premier, le nombre de mètres qu'ils feront doit être aussi trois fois plus grand; c'est ce qu'on obtient pour solution, puisque $180 \times 3 = 540$.

140. On peut arriver au même résultat par la méthode de l'unité, en raisonnant ainsi : si 30 ouvriers font 180 mètres, un seul en fera 30 fois moins ou $\frac{180}{30}$, et 90 ouvriers 90 fois plus ou $\frac{180 \times 90}{30} = \frac{16200}{30} = 540.$

141. La règle de trois est inverse quand deux des termes diminuent en proportions qu'augmentent ceux auxquels ils sont relatifs.

126
Exemple.

40 ouvriers ont fait un ouvrage en 36 jours. Combien faudrait-il d'ouvriers pour exécuter le même ouvrage en 12 jours ?

Il est évident que moins on donnera de temps pour faire un travail, plus il faudra d'ouvriers. Or, si au lieu de 36 jours accordés aux 40 ouvriers pour faire un travail, on eût exigé que ce travail fût fait en 12 jours, il est certain qu'il aurait fallu employer trois fois plus d'ouvriers, attendu qu'il est donné trois fois moins de temps. Donc le nombre d'ouvriers augmente dans la même proportion que le nombre de jours diminue; et on a, $40 : x :: 12 : 36 = 120$, nombre d'ouvriers trois fois plus grand que 40.

Solution.

$$
\begin{array}{c}
36 \\
40 \,|\, 12 \\
\hline
1440 \,|\, 120 \\
24 \\
00
\end{array}
$$

Et en employant la méthode de l'unité, je raisonne ainsi : s'il faut 40 ouvriers pour exécuter un travail en 36 jours, pour l'exécuter en un jour, il faudrait 36 fois plus d'ouvriers ou 40×36, et pour l'exécuter en 12 jours, il faudrait 12 fois moins d'ouvriers ou $\dfrac{40 \times 36}{12} = 120$ ouvriers.

RÈGLE DE TROIS COMPOSÉE.

15 ouvriers ont fait 84 mètres d'ouvrage en 12 heures. Combien 25 ouvriers feront-ils de mètres de même ouvrage en 9 heures ?

On voit dans cet exemple que le nombre de mètres ne dépend pas seulement du nombre d'ouvriers, mais qu'il dépend aussi du nombre d'heures. Or, 15 ouvriers qui travaillent chacun 12 heures, font autant d'ouvrage qu'un seul ouvrier pendant 15 fois 12 heures ou 180 heures ; et 25 ouvriers qui travaillent chacun 9 heures, font aussi autant d'ouvrage qu'un seul ouvrier travaillant 25 fois 9 heures ou 225 heures. Cette règle de trois composée est ramenée à cette autre simple : $180 : 225 :: 84 : x$.

$$\begin{array}{c}
84 \\
\hline
900 \\
18000 \;|\; 180 \\
\hline
18900 \;|\; 105 \\
0090 \\
00
\end{array}$$

On voit, par cette opération que les 25 ouvriers en 9 heures feront 105 mètres.

Et par la méthode de l'unité je raisonnerais ainsi : si 84 mètres ont été faits par 15 ouvriers, un seul ouvrier en aurait fait 15 fois moins, ou $\dfrac{84}{15}$, et 125 ouvriers 25 fois plus, ou $\dfrac{84 \times 25}{15}$ maintenant, si un ouvrier fait les $\dfrac{84}{15}$ mètres en 12 heures, en 1 heure il fera 12 fois moins de mètres, ou $\dfrac{84}{12 \times 15}$, et les 25 ouvriers en 9 heures $\dfrac{84 \times 25 \times 9}{15 \times 12} = 105$ mètres.

Autre exemple.

36 ouvriers travaillant 10 heures par jour,

ont fait, en 18 jours, 580 mètres d'ouvrage. Combien 27 ouvriers aussi habiles que les premiers seront-ils de jours, s'ils travaillent 12 heures par jour, pour faire 650 mètres de même ouvrage ?

Cette règle de trois composée peut être décomposée en trois proportions.

Nous ferons d'abord remarquer qne l'inconnu est un nombre de jours ; ensuite, faisant abstraction des nombres de mètres et d'heures, on a pour la première proportion $27 : 36 :: 18 : x$

Opérant sur les nombres d'heures la 2e sera $\qquad 12 : 10 :: 18 : x$

Puis sur les nombres de mètres la 3e sera $\qquad 580 : 650 : 18 : x$

Appliquant le procédé du n° 135, je multiplie terme à terme les premiers antécédents, puis les premiers conséquents de ces trois proportions, j'ai pour proportion unique $187920 : 234000 :: 18 : x$

$$\begin{array}{r} 18 \\ \hline 1872000 \\ 234000 \end{array} \Big| \; 187920$$

$$\begin{array}{r} \hline 4212000 \\ 453600 \\ 77760 \end{array} \Big| \; 22$$

Il faudrait à ces ouvriers 22 jours $+ \dfrac{77760}{187920}$ ou 22 jours $+ \dfrac{12}{29}$.

Pour résoudre ce problème par la méthode de l'unité, je raisonne ainsi : s'il faut 18 jours à 36 ouvriers pour faire un certain nombre de mètres, il faudra à un senl ouvrier 36 fois plus de jours, et à 27 ouvriers 27 moins de temps ou $\dfrac{18 \times 36}{27}$;

ensuite, s'il a falln que ces ouvriers trávaillassent 10 heures par jour, il leur aurait fallu 10 fois plus de jours s'ils n'eussent travaillé qu'une heure et 12 fois moins s'ils eussent travaillé 12 heures, ou $\dfrac{18 \times 36 \times 10}{27 \times 12}$; puis s'il a fallu 18 jours pour faire 580 mètres, pour faire nn mètre il aurait fallu 580 fois moins de temps et pour 650 mètres 650 fois plus de temps ou $\dfrac{18 \times 36 \times 10 \times 650}{27 \times 12 \times 580}$. Calculant cette expression fractionnaire, j'ai pour résultat 22 jours $+ \dfrac{12}{29}$. Solution qui donne le même résultat que la précédente.

Autre exemple.

Avec 115 mètres d'étoffe de $\dfrac{2}{3}$ de large on a fait 27 vêtements. Combien pourrait-on faire de vêtements semblables avec 960 mètres de $\dfrac{3}{8}$ de large.

Remarquons d'abord que si, dans le second cas, l'étoffe avait même largeur, on ferait d'autant plus de vêtements qu'on aurait plus de mètres : d'où résulte cette proportion : $960 : 115 :: x : 27$.

Et puis, que moins l'étoffe aura de largeur,

moins l'on aura de vêtements. Par conséquent, la seconde proportion est celle-ci $\frac{3}{8} : \frac{2}{3} :: x : 27$.

Réduisant ces deux proportions en une seule, on a : $960 : 115 :: x : 27$.

$$\frac{3}{8} : \frac{2}{3} :: x : 27 \qquad x = \frac{2880}{8} : \times 27 : \frac{230}{3}$$

$$= 126 + \frac{18}{23}.$$

On pourrait donc faire 126 vêtements $+ \dfrac{18}{23}$

Et par la méthode de l'unité, je raisonne ainsi : avec 115 mètres on a fait 27 vêtements, avec un seul mètre on en aurait 115 fois moins ou $\dfrac{27}{115}$, et avec 960 mètres, 960 fois plus, ou $\dfrac{27 \times 960}{115}$; ensuite avec du drap de $\dfrac{1}{3}$ mètre de largeur on aurait deux fois moins de vêtements que s'il avait $\dfrac{2}{3}$ ou $\dfrac{27 \times 960}{115 \times 2}$, et avec du drap de $\dfrac{2}{3}$ trois fois plus ou $\dfrac{27 \times 960 \times 3}{115 \times 2}$; puis avec du drap de $\dfrac{1}{8}$ de large, on ferait 8 fois moins de vête-ments que s'il avait $\dfrac{8}{8}$, ou $\dfrac{27 \times 960 \times 3}{115 \times 2 \times 8}$ et avec du drap de $\dfrac{3}{8}$ trois fois plus, ou

$$\frac{27 \times 960 \times 3 \times 3}{115 \times 2 \times 8} = \frac{233280}{1840} = 126 + \frac{18}{24},$$

produit égal au précédent.

RÈGLE DE SOCIÉTÉ.

142. La règle de société a pour but la répartition, ou d'un bénéfice ou d'une perte, entre plusieurs personnes, en raison de la part plus ou moins grande que chacune a dans l'entreprise.

Supposons que deux associés aient fait un bénéfice de 300 francs, que la mise du premier soit double de celle du second, il est évident que la part du premier doit être double de celle du second. Conséquemment, le premier aura 200 f. et le second 100 f. Donc, le bénéfice est proportionnel aux mises.

Exemple.

Trois associés ont mis des sommes différentes dans une entreprise, mais pendant le même temps : le premier a mis 450 f., le deuxième 700 f., le troisième 400 f. La société se dissout après avoir fait un bénéfice de 775 f. Quelle est, d'après leur mise, la part de chaque associé ?

Pour résoudre ce problème, je raisonne ainsi : la mise de tous est à la mise du premier comme le gain de tous est au gain du premier; c'est-à-dire : $1550 : 450 :: 775 : x$

$$\begin{array}{c} 450 \\ \hline 38750 \\ 3100 \\ \hline 348750 \end{array} \quad \begin{array}{|c} 1550 \\ \hline 225 \end{array}$$

450	mise du 1er.	3875
700	— du 2me	7750
400	— du 3me	0000
1550 fr.	Total des mises.	

Part du 1er 225 fr.
Part du 2me 350 fr.
Part du 3me 200 fr.

Somme   775 fr.
égale au bénéfice.

Opérant de la même manière pour trouver la part du deuxième : on a :

$$1550 : 700 :: 775 : x$$

$$\begin{array}{r|r} 700 & 1550 \\ \hline 542500 & 350 \\ 7750 & \\ 00000 & \end{array}$$

Pour la 3me : $1550 : 400 :: 775 : x$

$$\begin{array}{r|r} 400 & 1550 \\ \hline 310000 & 200 \\ 000000 & \end{array}$$

Autre manière d'opérer.

Le bénéfice étant 775 fr. et le total des mises de 1550 fr., il est clair que si pour 1550 fr. on a gagné 775 fr. pour un franc on aurait gagné 1550 fois moins, ou 0 fr. 50, mais le 1er qui a une mise de 450 francs doit donc avoir un bénéfice de

$$0 \text{ fr. } 50 \times 450 = 225$$
$$\text{le } 2^{me} \quad 0 \text{ fr. } 50 \times 700 = 350$$
$$\text{et le } 3^{me} \quad 0 \text{ fr. } 50 \times 400 = 200$$

Total   1550   775 fr.

Autre exemple.

Quatre associés ont fait un bénéfice de 4500 f. Le premier a mis 2800 f. pendant 15 mois, le deuxième 2400 f. pendant un an, le troisième 1600 f. pendant 9 mois, et le quatrième 6000 f. aussi pendant 9 mois. Quelle est la part de chacun dans le bénéfice, à proportion de sa mise et du temps qu'elle est restée comme fonds de société?

On voit que cet exemple diffère du précédent en ce que chaque mise n'est pas restée le même temps. Il faut donc faire disparaître cette inégalité de temps. Pour cela je raisonne ainsi : Le premier qui a mis 2800 f. pendant 15 mois, doit recevoir autant que s'il eût mis 15 fois 2800 f. pendant un mois ou

$$2800 \times 15 = 42000$$
$$\text{le deuxième} \quad 2400 \times 12 = 28800$$
$$\text{le troisième} \quad 1600 \times 9 = 14400$$
$$\text{le quatrième} \quad 6000 \times 9 = 54000$$
$$\overline{139200}$$

Opérant ensuite comme dans les exemples précédents, j'ai : pour le 1re

$$139200 : 42000 :: 4500 : x$$

$$4500$$

$$\overline{21000000}$$
$$168000 \mid 139200$$
$$\overline{189000000} \mid 1357,75$$
4980
8040

10800
10560

.8160
1200

Pour le 2^{e} $139200 : 28800 : 4500 : x$

$$4500$$

$$\overline{1440000}$$
$$115200 \mid 139200$$
$$\overline{12960000} \mid 931,03$$
4320
1440
4800
.624

134

Pour le 3ᵉ 139200 : 14400 :: 4500 : x

$$4500$$

$$7200000$$
$$57600 \quad | 139200$$

$$64800000 | 465,51$$
$$9120$$
$$7680$$
$$7200$$
$$2400$$
$$1008$$

Pour le 4ᵉ 139200 : 5400 :: 4500 : x

$$4500$$

$$27000000$$
$$216000 \quad | 139200$$

$$242000000 | 1745,68$$
$$10580$$
$$6360$$
$$7920$$
$$9600$$
$$12480$$
$$1344 \qquad 3$$

La part du 1ᵉʳ est 1357 f. 75 + 1200)
Celle du 2ᵉ   931   03 +   624) 1393
Celle du 3ᵉ   465   51 + 1008) ——
Celle du 4ᵉ   1745   68 + 1544)   3

$$4500 \quad 00 \qquad 4176$$

On voit dans cette opération   0000

que les restes des divisions produisent $\dfrac{4176}{1392} =$

3 unités que j'ajoute à la somme des bénéfices, ce
qui reproduit 4500 fr. somme égale au bénéfice.

Autre procédé.

Le total des mises réduites à l'unité de temps
= 42000 + 28800 + 14400 + 54000 = 136200.
Ce qui donne de bénéfice pour chaque franc.

$$4500 : 139200 = 0,032327.$$

Reste de la division   81600

La part du 1er = 0f032327 × 42000 = 1357,734000
La part du 2e = 0,032327 × 48800 = 931,017600
La part du 3e = 0,032327 × 14400 = 465,508800
La part du 4e = 0,032327 × 54000 = 1745,658000

4500,000000

143. *Remarque.* On peut, en simplifiant les mises, c'est-à-dire en les divisant chacune par un même nombre, abréger de beaucoup la solution du problème précédent. D'abord la part du premier égale les $\dfrac{42000}{139200}$ de 4500 fr.; celle du second les $\dfrac{28800}{139200}$; celle du troisième, les $\dfrac{14400}{193200}$ et celle du quatrième les $\dfrac{54000}{139200}$.

Nous avons vu (N°51(qu'en divisant les deux termes d'une fraction par un même nombre on ne change pas la valeur de cette fraction. Or, je puis retrancher deux zéros de chacun des termes des fractions ci-dessus, et j'ai :

$$\dfrac{420}{1392} \quad \dfrac{288}{1392} \quad \dfrac{144}{1392} \quad \dfrac{540}{1392}.$$

Chacun de ces nouveaux termes peut encore être divisé par 4, puis par 3, ou par 12 produit de ces deux nombres qui donne 1.

$$\dfrac{35}{116} \quad \dfrac{24}{116} \quad \dfrac{12}{116} \quad \dfrac{45}{116}$$

et ces numérateurs 35, 24, 12, 43 remplacent
42000, 28800, 14400, 54000.

$$\text{On a pour le 1}^{re}\ \frac{35}{116}\times 4500 = 1357^f75 = 100$$

$$\text{pour le 2}^{me}\ \frac{24}{116}\times 4500 = \ \ 931,03 + 52$$

$$\text{pour le 3}^{me}\ \frac{12}{116}\times 4500 = \ \ 465,51 + 81$$

$$\text{pour le 4}^{me}\ \frac{45}{116}\times 4500 = 1745,68 + 112$$

$$\left.\right\}\ \frac{116}{3}$$

$$\text{Total.}\quad \frac{3}{4500,00}\quad \frac{348}{000}$$

CHAPITRE X.

RÈGLE D'INTÉRÊT.

La règle d'intérêt a pour but de faire connaître ce que l'on doit recevoir pour une somme
prêtée pendant un temps limité.

On nomme capital la somme prêtée.

Le taux est la somme que l'on paye pour chaque centaine de francs prêtée.

L'intérêt est la somme que l'on doit payer
pendant le temps plus ou moins long pour le capital que l'on a reçu à titre de prêt.

L'unité pour le temps est l'année.

Exemple.

Un capitaliste a prêté une somme de 600 f., à
5 °/₀ l'an. Combien doit-il recevoir pour l'intérêt annuel?

Dans ce problême trois choses sont connues :

le capital 600 fr, le capital 100 fr., et l'intérêt de ce dernier qui est le taux.

J'ai donc cette proportion 600 : 100 :: x : 5.

$$\frac{5}{30,000}$$

ce qni donne 30 fr. pour l'intérêt de 600 fr. pendant une année.

On voit, par l'exemple ci-dessus, que pour trouver l'intérêt d'une somme quelconque pendant une année, il suffit de multiplier cette somme par le taux, et de diviser le produit par 100.

Solution par la méthode de l'unité.

Si 100 fr. rapportent 5 fr. 1 fr. rapportera 100 fois moins ou $\dfrac{5}{100}$ et 600 fr., 600 fois plus, ou $\dfrac{5 \times 600}{100} = 30$ francs.

Mais on peut prêter pour plus ou moins d'une année.

Js suppose la même somme de 600 fr. prêtée pendant 8 mois à 5 0/0 l'an.

Pour l'année cette somme produit 30 fr. d'intérêt; mais 8 mois ne sont que les deux tiers d'une année, conséquemment cette somme ne produira d'intérêt que les $\dfrac{2}{3}$ de 30 fr. ou 20 fr.

De là cette proportion 8 : 12 :: x : 30

$$\frac{8 \mid 12}{240 \mid 20}$$
$$00$$

Pour 4me terme 20, ou 20 francs d'intérêt pendant 8 mois.

Par la méthode de l'unité je raisonne ainsi : si 100 fr. rapportent 5 fr. en un an, un franc rapportera 100 moins, ou $\dfrac{5}{100}$, et 600 francs 600 fois plus ou $\dfrac{5 \times 600}{100}$; puis, si 600 fr. en un an rapportent $\dfrac{5600}{100}$, en un mois ils rapporteront 12 fois moins, ou $\dfrac{5 \times 600}{100 \times 12}$, et en 8 mois 8 fois plus ou $\dfrac{5 \times 600 \times 8}{100 \times 12}$. Calculant cette expression fractionnaire, je trouve pour résultat 20 francs.

145. Pour trouver l'intérêt d'une somme prêtée pendant un temps qui diffère de l'année, il faut ramener cette somme à l'unité de temps, c'est-à-dire, multiplier la somme prêtée par le nombre de mois ou de jours qu'elle est restée à intérêt, puis diviser le produit par 12, si l'on a multiplié par des mois; par 360 si l'on a multiplié par des jours, et enfin opérer sur le quotient comme si c'était la somme prêtée.

Exemple.

Supposons 800 francs prêtés pendant 6 mois à 5 0/0 l'an. Il est évident que 800 fr. à 5 0/0 qui rapporteraient en un an 40 francs ne rapporteraient en 6 mois que la moitié, ou 20 francs ; ou encore 800 francs pendant 6 mois ne produisent pas plus d'intérêt que 400 fr. en un an.

On a donc $\dfrac{6}{12} \times 800 \times \dfrac{5}{100} = 20$ fr.

$$\begin{array}{r} 800 \\ \hline 6 \,|\, 12 \\ \hline 4800 \,|\, 400 \\ 000 \quad 5 \\ \hline 20{,}00 \end{array}$$

Et par la méthode de l'unité ; si 100 fr. rapportent 5 fr. un franc rapportera 100 fois moins, ou $\dfrac{5}{100}$ et 800 francs 800 plus, ou $\dfrac{5 \times 800}{100}$; ensuite si en un an 800 francs produisent $\dfrac{5 \times 800}{100}$ en un mois ils produiront 12 fois moins, ou $\dfrac{5 \times 800}{100 \times 12}$ et en 6 mois, 6 fois plus, ou $\dfrac{5 \times 800 \times 6}{100 \times 12} = 20$ fr.

Autre exemple.

Supposons encore 750 fr. placés à intérêt pendant 148 jours à 6 0/0 l'an.

Solution. 750 fr. pendant un an à 6 0/0 rapporteraient 45 fr. et pour 148 jours ils rapporteront $\dfrac{148}{360} \times 750 \times \dfrac{6}{100} = 18$ fr. 50.

Et par la méthode de l'unité ; si 100 fr. rapporte 5 fr. un franc rapportera 100 fois moins ou $\dfrac{5}{100}$ et 750 francs 750 fois plus, ou $\dfrac{5 \times 750}{100}$, puis, si 750 f. donnent en un an $\dfrac{5 \times 750}{100}$, en un jour ils donneront 360 moins ou $\dfrac{5 \times 750}{100 \times 360}$, et en

148 jours 148 fois plus, ou $\dfrac{5 \times 750 \times 148}{100 \times 360} =$
18 fr. 50.

Connaissant le taux, l'intérêt, trouver le capital.

Exemple.

Supposons le taux 4 1/2, l'intérêt 170 fr. 55.
Si je représente le capital par x, j'aurai :
$$x : 100 :: 170,55 : 4,50$$

$$\begin{array}{l|l} 1705500 & 450 \\ \hline 355 & 3970 \end{array}$$

Le capital est 3790 f. 4050
       000

Par la méthode de l'unité je raisonnerai ainsi :
Pour avoir 4 50 d'intérêt, il faut placer 1 00 fr.,
pour avoir 1 franc il faudrait placer 4,50 moins,
ou $\dfrac{100}{4,50}$, et pour avoir 170 fr. 55 il faut placer
170,55 fois plus, ou $\dfrac{100 \times 170,55}{4,50} = 3790$ fr.

47. Connaissant le capital et l'intérêt, trouver
le taux, supposons le capital 70000 fr. l'intérêt
d'une année 3675 fr. le résultat de la proportion
qui suit donnera le taux 5 fr. 25.
$$70000 : 100 :: 3675 : x$$

$$\begin{array}{l|l} 367500 & 7000 \\ \hline 1750 & 5,25 \\ 3500 & \\ 000 & \end{array}$$

Par la méthode de l'unité je raisonne ainsi :
3675 francs sont produits par 70000 fr., un

produirait 70000 fois moins, ou $\dfrac{3675}{70000}$ et 100 fr.

100 fois plus, ou $\dfrac{3675}{70000} \times 100 = 5{,}25$.

148. On voit par les exemples précédents que, soit pour trouver le capital, soit pour trouver l'intérêt, soit pour trouver le taux, les quatre données, 100, le capital, l'intérêt, le taux convenablement mis en proportion, servent à découvrir le terme cherché.

149. On peut avoir à déterminer, au moyen du capital, de l'intérêt et du taux, le temps pendant lequel le capital est resté à intérêt.

Exemple.

Le capital 8560 fr. placé à 4 0/0 a produit un intérêt de 800 fr. Pendant combien de temps est-il resté à intérêt?

Solution.

Le capital 8560 fr. à 4 0/0 donne pour intérêt annuel 342 fr. 40. Puis cette proportion :

$$800 : 342{,}40 :: x : 360$$

$$\begin{array}{r|l} 800 & 342{,}40 \\ \hline 28800000 & 841 \\ 140800 & \\ 38400 & \\ 4160 & \end{array}$$

On voit que ce capital est resté à intérêt 841 jours ou 2 années et 121 jours.

Et par la méthode de l'unité : si 360 jours produisent $\dfrac{8560 \times 4}{100}$ ou 342,40 un seul franc sera produit par 342,40 fois moins de jours, ou $\dfrac{360}{342{,}40}$ et 800 francs par 800 fois plus de jours ou

$$\frac{360 \times 800}{342,40} = 841 \text{ jours} = 2 \text{ années } 121 \text{ jours.}$$

150. On peut avoir aussi à déterminer le taux, lorsqu'on connaît le capital, l'intérêt et le temps différent de l'unité, c'est-à-dire de l'année.

Exemple.

Un capitaliste a reçu 250 fr. pour l'intérêt d'une somme de 7800 fr. pendant 85 jours. A quel taux était la somme placée?

Solution.

D'abord j'établis cette proportion pour trouver combien 7800 fr. auraient produit en un an :

$$360 : 85 :: x : 250$$

```
      250
    ──────
    18000
     720
    ──────
    90000
```

```
90000 |85
  500 |1058,82
  750
  700
  200
   30
```

Cette somme aurait produit en un an 1058 f. 82.

Et maintenant à quel taux est placée une somme de 7800 fr. qui produit 1058 fr. 82 d'intérêt ? Pour trouver ce taux j'établis cette proportion. $7800 : 100 :: 105882 : x$

```
105882 |7800
 27882 |13,57
 44820
 58200
  3600
```

Cette somme était placée à 13 fr. 57 p. 0/0

Pour résoudre ce problême par la méthode de l'unité, je raisonne ainsi : 250 fr. ont été produits en 85 jours; en un jour il aurait été produit 85 fois moins, ou $\dfrac{250}{85}$, et en 360 jours 360 fois plus

ou $\dfrac{250 \times 360}{85} = 1058$ fr. 82 ; puis, si 7800 fr. ont

produit 1058 fr. 82 un franc eût produit 7800

fois moins, ou $\dfrac{1058,82}{7800}$, et enfin 100 fr. eussent

produit 100 fois plus, ou $\dfrac{1058,82 \times 100}{7800} =$

13 fr. 57 c.

151. *Remarque.* Il arrive souvent que l'on

prête à $\dfrac{1}{4}$ $\dfrac{1}{3}$ $\dfrac{1}{2}$ etc., pour 0/0 par mois.

Alors le mois est l'unité de temps.

Exemple.

Un particulier a prêté 185000 à $\dfrac{1}{2}$ p. 0/0.

Quel est l'intérêt au bout d'un mois?

Solution.

$$\begin{array}{r} 185000 \\ 0,50 \\ \hline 925,0000 \end{array}$$

L'intérêt au bout d'un mois est 925 fr.

152 . Intérêt Composé.

Supposons qu'un capitaliste prête une somme
de 18000 francs à 5 p. 0/0 pendant 5 ans, et qu'il
soit convenu entre lui et le débiteur que le capital
sera augmenté, pour la deuxième année, des intérêts de la première, ce qui donnera pour capi-
talde la deuxième année 18900 f.

Ce nouveau capital produit 945 f. d'intérêt à la fin de la deuxième année ; cet intérêt, ajouté au capital précédent, donne pour la troisième année 19845 f. dont l'intérêt est de 992 fr. 25 c., qui, ajoutés au capital précédent, donne pour capital de la quatrième année 20837, 25. Ce dernier capital produit 1041 f. 8625 ; ce qui donne pour la cinquième année le capital 21879 f. 1125. Ce dernier capital produit à la fin de la cinquième année 1093 f. 955625, laquelle somme ajoutée au capital précédent forme une somme de 22973f. 068125, ou 22973 fr. 07.

Si cette somme était seulement placée à intérêt simple, elle ne produirait que 4500 f. qui, ajoutés au capital, donne pour total 22500 f. au lieu de 22973, 07 . . Différence 473 f. 07 c.

153. *Manière de calculer les intérêts composés.*

18000   francs à 5 0/0 donnent au bout d'un an
  5   900 fr. d'intérêt.
_____
900,00

Fin 1re année 18900 ;   18900 donnent au bout d'un
       945   an 945 fr. d'intérêt.
_____
     19845   19845 fr. donnent au bout
          d'un an 992 fr. 25.

Fin 2me année 19845
     992,25
_____
Fin 3me année 20837,25   20837 fr. 25 donnent
     1041,8625   1041.8625 d'intérêt.
_____
    21879,1125
Fin 4me année 21879,1125   21879 fr. 1125 donnent
    1093,955625 1093,955625 d'intérêt.

Fin 5me année 22973,068125

       Résultat égal au précédent.

Autre procédé.

154. Si 100 f. placés à 5 p. % deviennent au bout d'un an 105 f., un franc deviendra 1 f. 05. Je cherche alors ce que devient 1 franc au bout de 5 ans à intérêt composé. Pour cela j'élève 1 f. 05 à la cinquième puissance, ce qui donne 1,2762815625 $\times$ 18000 = 22973, 0681 25, somme égale au produit précédent.

1,05	1,157625	1,2762815625
1,05	1,05	18000
525	5788125	102102525000
1050	11576250	12762815625
1,1025	1,21550625	22973,0681250
1,05	1,05	
55125	607753125	
110250	1215506250	
1,157625	1,2762815625	

155. Quand on a à élever un nombre à la quatrième, cinquième, sixième ... etc. puissance, on peut abréger le calcul en faisant le carré du nombre trouvé à la deuxième puissance, le produit donne alors la quatrième puissance, puis, pour avoir la cinquième puissance, il ne reste plus qu'à multiplier par 1, 05, par exemple, le nombre élevé à la quatrième puissance.

$$1,2762815625 \times 18000 = 2297 \text{ fr. } 07.$$

1,05
1,05

525
1050

1,1025
1,1025

55125
22050
110250
110250

1,21550625
1,05

607753125
121550625

1,2762815625

Autre exemple.

Une personne a placé à 6 0/0, et à intérêts composés pendant 10 ans, une somme de 1500 fr. Combien doit-elle recevoir au bout de cette époque?

Solution.

1 franc au bout d'un an à 6 0/0, devient 1 fr. 06. J'élève 1 06 à la dixième puissance et j'obtiens 1 fr. 79085 $\times$ 15000 = 26862 fr. 75 c. somme que cette personne doit recevoir au bout de 10 ans.

1,06
1,06

636
1060

1,1236

2e puissance.

1,1236
1,1236

67416
33708
22472
11236
11236

1,26247696   4e puissance.

126247696
1,06

757486176
1262476960

13382255776
5e puissance.

$$
\begin{array}{r}
1,3382255776 \\
1\ 3382255776 \\
\hline
80293534656 \\
93675790432 \\
93675790432 \\
66911278880 \\
66911278880 \\
26764511552 \\
26764511552 \\
107058046208 \\
40146767328 \\
40146767328 \\
13382255776 \\
\hline
1,79084769654285362176 \quad \text{10}^{e}\ \text{puissance.}
\end{array}
$$

Remarque. Il n'est pas indispensable de conserver toutes les décimales des produits élevant 1,06 à la dixième puissance; pourvu qu'on en conserve trois ou quatre, on ne court pas risque d'avoir une erreur bien sensible, surtout si l'on a soin d'augmenter de 1 la dernière de celles que l'on conserve si la décimale qui suit est 5 ou surpasse 5. En tout cas, il ne faut pas que cette augmentation ait lieu à la fois dans les deux facteurs. C'est ainsi qu'à la quatrième puissance je puis ne conserver, dans l'exemple précédent, que 4 décimales en augmentant la quatrième de 1, j'ai 1,2625

$$1,2625$$
$$1,06$$
$$75750$$
$$12625$$

$1,7909 \times 15000 = 26865$ f. 50.

$$1,338350$$
$$1\ 33825$$

$$26766$$
$$107064$$
$$40149$$
$$40140$$
$$13383$$

La différence est seulement de 0 fr. 75 centimes en plus.

$$1,79091306$$

Autre remarque, Supposons que, dans le problème précédent, au lieu de 10 ans on ait 10 ans et 8 mois. Dans ce cas il faut multiplier le produit de la dixième puissance par 1,04; car si 1 franc devient 1 f. 06 au bout d'un an, il devient seulement 1 f. 04 c. au bout de 8 mois, et l'on a 2795 f. 80 c.

$$1,7909$$
$$1,04$$
$$71636$$
$$179090$$
$$1,862556$$

$$1,862556$$
$$15$$
$$9312680$$
$$1862536$$
$$2795,8040$$

150 ESCOMPTE.

On appelle escompte ce que l'on retient sur le paiement anticipé d'un billet.

Si quelqu'un a un billet de 100 f. à un an d'échéance, et qu'il veuille avoir de l'argent au moment même, celui qui avance cet argent retient 5 ou 6 f... etc., selon qu'il fait payer 5 ou 6 f... etc. d'intérêt p. %. Cette manière d'escompter s'appelle l'escompte en dehors; c'est celle qui est généralement en usage. Elle est à l'avantage de l'escompteur; car, au lieu de recevoir 5 francs d'intérêt, il reçoit réellement 5 f. 25, puisque les 5 f. qu'il retient peuvent lui rapporter 0 f. 25 d'intérêt. Pour escompter réellement à 5 p. 0/0, il faut qu'il ne retienne que 4 f. 77. En effet, l'intérêt de 4 f. 77 est 0 f. 23 c., ce qui, ajouté à 4 f. 77 c. donne 4 f. d'intérêt pour 100 f. à 5 p. 0/0. Cette manière d'escompter s'appelle l'escompte en dedans.

157. L'escompte se calcule comme l'intérêt; seulement, au lieu d'ajouter l'intérêt au montant du billet, il doit en être retranché.

Exemple.

Un commerçant porte à l'escompte un billet de 8500 f., à un an d'échéance. Combien doit-i recevoir si on lui retient l'escompte à 5 1/2 p. 0/0.

Solution.

L'intérêt de 8500 fr. à 5 1/2 p. 0/0 = $\dfrac{8500}{100}$

$\times$ 5,50 = 467 fr. 50.

Retranchons 467 fr. 50 de 8500, il reste 8032 f. 50 c. somme que doit recevoir le commerçant.

158. *Remarque.* Pour ramener à l'unité de temps, trouver le montant du billet, le taux... etc., voir pour l'intérêt au même chapitre.

CHAPITRE XI.

159. CALCUL DES QUOTES-PARTS, — ALLIAGES — MÉLANGES.

Supposons qu'une personne, en mourant,

laisse, par testament, une somme de 84000 fr., et que, par ce testament, elle règle la répartition ainsi : son frère aura le triple de chacun de ses deux neveux, et chacune de ses deux nièces la moitié de la part d'un des neveux. Combien chaque héritier doit-il toucher ?

Solution.

Je suppose un nombre tel que je puisse, sans avoir recours aux fractions, prendre le $\frac{1}{3}$ et le $\frac{1}{6}$ 6 par exemple.

Alors si le frère a   6

Chaque neveu aura $\Big\{$ $\begin{array}{c} 2 \\ 2 \end{array}$

Chaque nièce aura $\Big\{$ $\begin{array}{c} 1 \\ 1 \end{array}$

$$\overline{12}$$

Agissant ensuite comme pour la règle de société, on a pour chaque part $\dfrac{84000}{12} = 7000$ fr.

Ce qui fait pour le frère   42000

Pour chaque neveu $\Big\{$ $\begin{array}{c} 14000 \\ 14000 \end{array}$

et pour chaque nièce $\Big\{$ $\begin{array}{c} 7000 \\ 7000 \end{array}$

$$\overline{84000}$$

ALLIAGES. — MÉLANGES.

160. On peut avoir à faire un alliage de plusieurs choses, à différents prix, et avoir besoin de connaître le prix de l'unité de cet alliage.

Exemple.

On veut faire un alliage de 85 kilog. de cuivre
à 3 f. 80 c. le kilog. et de 60 kilog. d'étain à 5 f.
75 c. le kilog.

Quel est le prix du kilog. d'alliage ?

Solution.

85 kilog. de cuivre à 3 fr. 80 = 323
60 kilog. d'étain à 5 fr. 75 = 345
145 kilog.   668 fr.

Puisque 145 kil. coûtent 668 fr. un seul kilog.
coûtera 145 fois moins ou 668 : 145 = 4 f. 60

$$+\frac{20}{29}$$

    668 | 145
    880 | 4,60
    .100 |

On voit que, pour ce cas, il faut diviser la
somme des produits par le nombre de kilog., le
quotient donne le prix du kilog. de cet alliage.

Autre exemple.

Un marchand de vin fait un mélange de 80
litres de vin à 0 f. 90 c., 100 litres à 0 f. 80 c.,
50 litres à 0 f. 60 c., et 20 litres à 0 f. 40 c. On
demande le prix du litre de ce mélange.

Solution.

80 l. à 0 fr. 90 = 72 fr.   1900 | 250
100 l. à 0 fr. 80 = 80   1500 | 0,76
50 l. à 0 fr. 60 = 30   000
20 l. à 0 fr. 40 = 8
250 l.   190   Le prix du litre de ce
                                    mélange est de 0 fr. 76.

161. On peut avoir à mélanger plusieurs substances de prix différents, le prix de l'unité du mélange étant déterminé, trouver le nombre d'unités de chaque espèce qui doivent entrer dans ce mélange.

Exemple.

On veut mélanger du blé à 28 francs l'hectolitre et du blé à 24 f. Dans quelle proportion doit-on faire ce mélange pour avoir du blé à 25 fr. l'hectolitre ?

Solution.

Pour résoudre ce problème je raisonne ainsi :

Un hectolitre de blé de 28 f. vendu 25 francs; perte 3 francs.

Un hectolitre de blé de 24 fr. vendu 25 fr. gain 1 fr. et pour 3 hect. 3.

Donc chaque quatre hectolitres de mélange devra être composé de trois hectolitres à 24 fr. et de un hectolitre à 28 fr., c'est-à-dire, de $\dfrac{1}{4}$ à 28 fr. et des $\dfrac{3}{4}$ à 24 fr.

Autre procédé.

Pour résoudre ce problème, j'écris dans une même colonne le prix des deux qualités à mélanger, dans une autre colonne le prix du mélange, puis la différence du prix le plus élevé au prix du mélange vis-à-vis le prix le moins élevé; et enfin la différence du prix le moins élevé au prix du mélange vis à-vis le prix le plus élevé, de cette manière :

28	1	différence de 24 à 25
25		
24	3	différence de 28 à 25
Total.	4	

Et je vois que dans 4 hectolitres de mélange, je dois faire entrer 1 hectolitre à 28 francs et 3 hectolitres à 24 francs. En effet, 1 hectolitre à 28 f., plus 3 hectolitres à 24 f. donnent pour produit 100 f. ; et 4 hectolitres à 25 f. donnent aussi pour produit 100 f.

182. *Remarque*. On peut avoir plus de deux qualités à mélanger. Dans ce cas, on ramène à deux les prix donnés, soient supérieurs, soient inférieurs, au prix du mélange, en prenant la moyenne de ces prix, ayant soin toutefois de partager également la différence que l'on doit écrire vis-à-vis le prix supérieur en autant de parties égales qu'il y a de qualités dont le prix surpasse le prix du mélange. La même observation pour les prix inférieurs.

Exemple.

Un marchand de vin veut faire un mélange de 1540 litres et vendre le litre du mélange 60 c. Combien doit-il prendre de vin à 90 c., à 85 c., à 65 c., à 50 c. et à 40 c. pour faire ce mélange ?

154

Solution.

$$\text{Prix au-dessus du mélange.} \begin{cases} 90 \\ 85 \\ 65 \end{cases} \text{moyenne } 80 \quad \begin{matrix} 5 \\ 5 \\ 5 \end{matrix} \text{Dif. de 45 à 60} = 15 : 2 = 5$$

$$60$$

$$\text{Prix au-dessous du mélange.} \begin{cases} 50 \\ 40 \end{cases} \text{moyenne } 45 \quad \begin{matrix} 10 \\ 10 \end{matrix} \text{Diff. de 80 à 60} = 20 : 2 = 10$$

$$\overline{35}$$

Je vois, par ce procédé, que pour 35 litres de vin je devrais mélanger 5 litres à 90 c., 5 litres à 85 c., 5 litres à 65 c., 10 litres à 50 c., et 10 litres à 40 c.

Faisant l'application du procédé employé pour la règle de société ou des quotes-parts, je trouve qu'il faut :

$$\frac{1540}{35} \times 5 = 220 \text{ litres à } 0,\text{fr.} 90 = 198 \text{ fr.}$$

$$\frac{1540}{35} \times 5 = 220 \text{ litres à } 0; \ 85 = 187$$

$$\frac{1540}{35} \times 5 = 220 \text{ litres à } 0, \ 65 = 143$$

$$\frac{1540}{35} \times 10 = 440 \text{ litres à } 0, \ 50 = 220$$

$$\frac{1540}{35} \times 10 = 440 \text{ litres à } 0, \ 50 = 176$$

Tot. des litr. 1540   Produit 924

Maintenant 1540 litres à 0 f. 60 c. = 924, produit égal au précédent.

Autre raisonnement.

Supposons trois litres de vin, un à 90 c., un à 85 c., et un à 65 c., vendus 0 f. 60. Perte 0,60. Supposons maintenant deux litres de vin, un à 50 c., un à 40 c., vendus 0 f. 60 c., gain 30 c. ; alors 2 litres à 50 c. et deux litres à 40 c., gain 0 f. 60 c.

Donc, le gain fait sur deux litres à 0f. 50 et sur deux litres à 0f. 40 , compensera la perte éprouvée sur un litre à 90 c., un litre à 85 c. et un litre à 65 c. ; par conséquent, chaque 7 litres de mélange $\frac{1}{7}$ à 0 fr. 90, autant à 0 fr. 85 et autant à 0 fr. 65 ; puis $\frac{2}{7}$ à 50 et autant à 40 c. et pour 1540 litres.

$\frac{1}{7}$ à 90 c. ou 220 l.

$\frac{1}{7}$ à 85 ou 220

$\frac{1}{7}$ à 65 220 Même résultat que le précédent.

$\frac{2}{7}$ à 50 440

$\frac{2}{7}$ à 40 440

Total 1540 l.

Autre exemple.

Un commerçant achète deux pièces d'étoffe contenant ensemble 132 mètres. Il les a payées 792 francs. Le prix du mètre de l'une est de 8 f.

et celui de l'autre 5 francs. Combien chaque pièce contient-elle de mètres?

Solution.

Pour résoudre ce problème, je suppose d'abord le tout à 8 francs. ce qui donne pour produit $132 \times 8 = 1056$ f., produit trop grand de 264 f.; pour faire disparaître cette différence, chaque mètre que je supposerai à la pièce qui coûte 5 francs le mètre, diminuera ce produit de 3 francs.

Donc cette pièce contient autant de mètres qu'il y a de fois 3 francs dans 264 f., ou $264 : 3 = 88$.

Donc, celle qui coûte 5 f. le mètre contient

$$88 \text{ m. à } 5 \text{ fr.} = 440$$

Celle qui coûte 8 fr. le m. contient

$$\underline{44 \text{ m, à } 8} \qquad \underline{= 352}$$
$$132 \text{ m.} \qquad\qquad 792 \text{ fr.}$$

CHAPITRE XII.

DES LOGARITHMES.

163. On nomme proportion arithmétique une suite de nombres qui conservent entre eux la même différence. Ainsi : 1, 3, 5, 7, 9, 11 ... etc., sont en proportion arithmétique.

164. On nomme proportion géométrique une suite de nombres dont le premier contient le deuxième, ou est contenu dans le deuxième autant de fois que le deuxième contient le troisième, ou est contenu dans le troisième, que le troisième contient le quatrième..... etc.

2 : 4 : 8 : 16 : 32 : 64 : 128 ... etc., sont en proportion géométrique.

165. Etablissons la proportion géométrique et la proportion arithmétique suivantes, de manière que les termes de la proportion arithmétique correspondent dans le même ordre aux termes de la proportion géométrique; les termes de la proportion arithmétique seront les logarithmes des termes correspondants de la proportion géométrique.

∴ 2 : 4 : 8 : 16 : 32 : 64 : 128 : 256 : 512 · 1024 : 2048

∴ 1, 2, 3, 4, 5, 6, 7, 8, 9, 10, 11,

4096 : 8192 : 16384 : 32768 : 65536.

12, 13. 14, 15, . 16.

166. *Manière de calculer au moyen des Logarithmes.*

1° Veut-on avoir le produit de 32 par 2048. Il faut additionner 5, logarithme de 32, avec 11, logarithme de 2048, la somme = 16. Le produit égale le nombre qui correspond au logarithme 16, ou 65536.

167. 2° Si l'on veut avoir le quotient de 65536 : 128, il faut chercher la différence des logarithmes de ces deux nombres; cette différence est 9. Le nombre 512 qui correspond au logarithme 9 est ce quotient.

168. 3° Pour trouver la racine carrée de 16384, divisez son logarithme 14 par 2; le quotient 7 est le logarithme qui correspond au nombre 128, racine carrée de 16384.

169. 4° Pour trouver la racine cubique de 32768, divisez son logarihme 15 par 3; le quo-

tient 5 répond au nombre 32, racine cubique de 32768... etc.

170. Mais entre 2, 4, 8, 16 . . . etc., il y a un certain nombre d'unités, et surtout un nombre infini de parties d'unité. C'est pourquoi il est nécesaire, pour ce mode de calcul, d'avoir recours à une table des logarithmes pour chaque opération.

Exemple.

Soit proposé de trouver, au moyen des logarithmes, le produit de 29 par 34.

Cherchez dans la table des logarithmes, de Lalande par exemple, et vous trouvez 1,53147892 pour logarithme de 34. Ensuite 1,46239800 pour logarithme de 29. Additionnez ces deux logarithmes, leur somme 2;99387692 qui approche le plus du logarithme 2,99387691, indique que 985 est le prodnit de 29 par 34.

Autre exemple.

Soit proposé de trouver, au moyen des logarithmes, le quotient de 7955 par 37.

Pour résoudre ce problême, je cherche le logarithme de 37; il est de 1,56820172; et celui de 7955, qui est de 3,9006402. La différence 2,33243846, logarithme qui approche le plus, en moins, du logarithme 2,33243846 de 215, me fait connaître que 215 est le quotient de 7955 : 37.

171. On appelle caractéristique le nombre d'unités que contient la partie entière du logarithme.

172. La caractéristique du logarithme d'un

nombre entier quelconque contient toujours autant d'unités, moins une, que ce nombre a de chiffres.

173. *Remarque.* Lorsque le nombre donné est plus grand que 10000, on ramène la question à déterminer le logarithme d'un nombre compris entre 1000 et 10000.

Exemple.

Calculer le logarithme de 2814578.

Le nombre 2814578 étant plus grand que 10000, ne se trouve pas dans la table; mais je sais que la caractéristique est 6. Je retranche trois chiffres sur la droite et j'ai 2814,578.

Le logarithme de 2814,578 est compris entre le logarithme de 2814,578 et le logarithme 2815. Or, le logarithme est compris entre 3,4493241 et 3,4494784 logarithme de 2814 et 2,815.

Pour trouver la quantité qu'il faut ajouter au logarithme 3,4493241 de 2814, pour obtenir le logarithme de 2814,578, je prends dans la table la différence entre le logarithme de 2814 et de 2815, cette différence est de 0,0001543. Je multiplie cette différence par 0,578, et j'ai pour produit 0,0000891854 qui, ajouté au logarithme de 2814 donne, en augmentant la caractéristique de 3, puisqu'il y a eu trois chiffres retranchés, 6,4494132 pour logarithme de 2814578.

174. Trouver à quel nombre correspond un logarithme donné.

La caractéristique augmentée de 1 indique combien il y a de chiffres dans la partie entière du nombre donné. Ainsi, si la caractéristique est 2,

le nombre cherché est compris entre 100 et 1000;
si la caractéristique est 3, le nombre cherché est
compris entre 1000 et 10000.

Pour trouver ce nombre on cherche dans la
table le logarithme donné; si ce logarithme se
trouve dans la table, le nombre cherché est à
gauche du logarithme. C'est ainsi que le logarithme 3,5215303 appartient au nombre 3323.

175. Lorsque le logarithme donné, dont la caractéristique est 3, ne se trouve pas dans la table,
il tombe entre les logarithmes tabulaires de deux
nombres consécutifs de quatre chiffres. C'est
alors un nombre décimal : la partie entière est
le plus petit des deux nombres, et la partie décimale est déterminée de la manière suivante :

Exemple.

176. Trouver à quel nombre appartient le logarithme 3,2874058.

On voit que ce logarithme tombe entre les logarithmes 3,2873538 et 3,2875778 des nombres
1938 et 1939. Donc, la partie entière du nombre
cherché est 1938.

Pour trouver la partie décimale, je divise la
différence du logarithme donné au logarithme
immédiatement inférieur par la différence des
logarithmes tabulaires ci-dessus 0,0000520 :
0,0002240, ou 520 : 2240 = 0,232. J'ajoute
ces décimales à la partie entière 1938, et j'ai
1938,232, nombre décimal dont le logarithme
est 3,2874058.

177. Calculer, au moyen des logarithmes, le
produit de 378784 par 59187.

Pour cet effet, je cherche le logarithme de

3787,84. Le logarithme de 3787 est 3,5782953 auquel j'ajoute 0,0001147 $\times$ 0,84 = 0,000 096348 = 3,5783917. Augmentant la caractéristique de 2 j'ai 5,5783917 pour le logarithme de 378784.

Je cherche ensuite le logarithme de 59187. Le logarithme des quatre premiers chiffres de gauche est 3,7721750, auquel j'ajoute 0,0000 733 $\times$ 0,7 = 0,00005138 = 3,7722263. Augmentant la caractéristique de 1, j'ai 4,7722263 pour logarithme de 59187. On ajoute ensuite les logarithmes 5,5783917 et 4,7722263, ce qui donne 10,3506180 pour logarithme du produit de 378784 par 59187. Maintenant, pour trouver à quel nombre correspond ce dernier logarithme, je diminue la caractéristique de 7 unités, puis je cherche le nombre qui correspond au logarithme 3,3506180; c'est 2241. Ce nombre augmenté du quotient de 176100 : 193759 poussé jusqu'à la septième décimale = 2241,9088610, avançant la virgule de sept rangs vers la droite, j'ai pour produit 22419088610.

Soit proposé d'élever 1,05 à la seizième puissance.

D'abord je supprime la virgule et je cherche le logarithme de 105. Je trouve 2,0211890; retranchant 2 unités de la caractéristique, il reste pour logarithme de 1,05 0,0211890. Je multiplie ce logarithme par 16, et j'ai pour produit 0,34902880. Le nombre entier qui correspond au logarithme immédiatement inférieur après avoir augmenté la caractéristique de 3, est 2182. Je retranche son logarithme 3,3388547 du logarithme 3,3390288, j'ai pour différence 1741; je divise cette différence par 1990, j'ai pour quotient 0,824 qui, ajoutés à 2182 donne 2182,824. Je retranche trois chiffres de la partie entière et j'obtiens pour seizième puissance de 1,05, 2,182824, nombre décimal qui diffère à la vérité de 5 millièmes.

Application.

Un particulier a placé pendant 20 ans, et à 6 p. 0/0 une somme de 45000 francs. Combien doit-on lui payer ces 20 années expirées; capital et intérêts composés compris?

Pour résoudre ce problème, je raisonne ainsi : 1 franc à 6 p. 0/0 devient au bout d'un an 1f.06. J'élève 1,06 à la vingtième puissance. Pour cela je supprime la virgule, je trouve pour logarithme de 106, 2,0253057, et pour logarithme de 1,06 0,0253057. Multipliant ce logarihme par 20, j'ai 0,5061740. J'augmente la caractéristique de 3, ce qui donne 3,5061740. Le nombre entier qui correspond au logarithme immédiatement inférieur est 3207. Je retranche le logarithme de 3207, qui est 3,5060990, du logarithme 3,5061174, j'obtiens pour différence 0,0000184 ou 184 que je divise par 1354 = 0,1356, j'ajoute comme décimales ce quotient à 3207, ce qui donne 3207, 1356. Retranchant trois chiffres de la partie entière, j'ai 3,2071356.

Maintenant, si 1 f. 06 devient au bout de 20 ans 3 f. 2071356, il n'y a plus qu'à répéter ce produit 45000 fois, ce qui donne 144321 f.10 c., somme que l'on doit payer au bout de vingt années.

178. LOGARITHME D'UNE FRACTION OU D'UN NOMBRE FRACTIONNAIRE.

Pour déterminer le logarithme d'un nombre fractionnaire, il faut retrancher le logarithme du dénominateur de celui du numérateur.

Exemple.

Le logarithme de $\dfrac{208}{21} = 0{,}99584404$

En effet, le logarithme de 208 est 2,31806333, et celui de 21 = 1,32221929 , différence = 0,99584408.

Et le logarithme de $\dfrac{21}{208} = -0{,}99584404.$

On voit que, pour le logarithme d'une fraction, il faut faire précéder la différence du signe moins, car le logarithme d'une fraction est toujours négatif.

179. LOGARITHME D'UNE FRACTION DÉCIMALE.

On obtient le logarithme d'une fraction décimale comme celui de toute autre fraction ; car une fraction n'est autre chose qu'une fraction dont le dénominateur n'est pas écrit, et qui a toujours autant de zéros à la suite de l'unité qu'il y a de chiffres écrits pour exprimer cette fraction. Ainsi 0,785 est la même chose que $\dfrac{785}{1000}$, 0,0078 ou $\dfrac{78}{10000}$.

Exemple.

Trouver le logarithme de 0,0008745.

On fait d'abord abstraction de la virgule, et on cherche le logarithme de 8745. Ce logarithme est 3,9417598.

La fraction donnée ayant 7 décimales, on obtient son logarithme en retranchant 7 de 3,9417 598, et l'on a pour logarithme 3,9417598 — 7 = — 3,9417598. On met le signe moins devant le reste.

On peut mettre ce logarithme sous une autre forme en retranchant de 7 la caractéristique 3 et écrivant ainsi le reste $\overline{4}$,9417598; le trait placé au dessus de la caractéristique indique qu'elle est seule négative, et que la partie décimale est positive.

1re *Remarque.* Pour trouver le logarithme d'un nombre de plus de 10000, il faut multiplier la partie de droite par la différence du logarithme entre les quatre premiers chiffres dê gauche et le nombre qui suit immédiatement, puis ajouter le produit au logarithme des quatre premiers chiffres.

181. 2e *Remarque.* Pour trouver le nombre auquel correspond le logarithme donné, si le logarithme n'est pas dans la table, il faut diviser l'excès du logarithme donné sur le logarithme immédiatement inférieur, par la différence, et ajouter le quotient au nombre qui correspond à ce logarithme immédiatement inférieur, puis avancer, s'il y a lieu, la virgule vers la droite de ce nombre ainsi augmenté.

CHAPITRE XIII.

182. DESCRIPTIONS DES SUPERFICIES, DES VOLUMES LES PLUS SIMPLES, AVEC LES FORMULES POUR EN CALCULER LA SUPERFICIE ET LE VOLUME. *

183. Le cercle ou circonférence est le lieu de tous les points situés à égale distance de son centre. (F. 1) O est le centre.

184. Un rayon est une droite qui va du centre à la circonférence. (F. 1) O A est un rayon.

185. Un diamètre est une droite qui joint deux points de la circonférence en passant par le centre. (F. 2) A B est un diamètre.

186. La longueur d'une circonférence égale le diamètre multiplié par 3,1416. Supposons (F. 2) le diamètre A B = 5 mètres. On aura C = 5 $\times$ 3,1416 = 15 ^{m} 708.

187. Réciproquement. La longueur du diamètre égale la circonférence divisée par 3,1416. Soit la circonférence 15 ^{m} 7080 (F. 2). On aura D = 15,^{m} 7080 : 3,1416 = 5 mètres.

188. L'angle est l'espace illimité que laissent entre elles deux droites qui se rencontrent.(F.3). Le point de rencontre A est le sommet de l'angle. Les droites A B et A C en sont les côtés.

189. Une perpendiculaire est une droite qui fait un angle droit avec une autre qu'elle rencontre. Une droite est dite perpendiculaire quand elle fait avec une autre droite deux angles égaux. Par exemple, si l'angle A C D = D C B (F. 4), la

*Ce qui a rapport à la géométrie est en grande partie tiré de Bergery.

droite est perpendiculaire sur A B, et récipro-quement.

190. Une verticale est une droite qui se confond avec le fil à plomb librement suspendu. Ainsi, si la droite D C (F. 4) se confond avec le fil à plomb, elle est à la fois verticale et perpendiculaire sur A B.

191. Une horizontale est une droite perpendiculaire à la verticale. A B (F. 4) est une horizontale.

192. Une droite est dite inclinée quand elle n'est ni horizontale ni verticale. C E, (F. 4) est dans ce cas.

193. Des parallèles sont des droites qui ont partout le même écartement. A C, C D (F. 5) sont parallèles.

194. Le bisectrice d'un angle est une droite qui le divise en deux angles égaux. A D (F. 3) est une bisectrice si l'on a B A D = D A C.

195. Un polygone est une face plane, limitée par des droites. Ces droites en sont les côtés. Il est régulier si ses côtés sont égaux ; dans le cas contraire il est dit irrégulier. A B C D E F G (F. 6) est un polygone régulier, et ABCDEFG (7)est un polygone irrégulier.

196. Les diagonales d'un polygone sont des droites qui joignent deux sommets séparés par un ou plusieurs autres. A C, A D... etc.. (F. 6) sont des diagonales.

197. Un triangle est un polygone de trois côtés. A B C (F. 8) est un triangle.

198. Le triangle est symétrique ou isocèle, quand il a deux côtés égaux. ABC (F. 8) est un triangle *isocèle*.

199. Le triangle est équilatéral si tous les côtés sont égaux. ABC est équilatéral (F. 9).

200. Le triangle est dit scalène lorsque les côtés comparés deux à deux sont inégaux. ABC (F. 10) est dans ce cas.

201 Le triangle rectangle a un angle droit. ABC (F. 11) est un triangle rectangle. L'hypothénuse BC d'un triangle rectangle est le côté opposé à l'angle droit.

202. La hauteur d'un triangle est la longueur de la perpendiculaire abaissée du sommet sur le côté opposé. CD (F. 10) est la hauteur du triangle.

203. La base d'un triangle est le côté sur lequel on a abaissé une perpendiculaire pour prendre la hauteur. AB (F. 10) est la base du triangle.

204. Un quadrilatère est un polygone de 4 côtés. ABCD (F. 12) est un quadrilatère.

205. Un trapèze est un quadrilatère dont deux côtés sont parallèles. ABCD (F. 13) est un trapèze.

206. Un parallèlogramme est un quadrilatère dont les côtés opposés sont parallèles et obliques les uns sur les autres. ABCD (F. 14) est un parallélogramme.

207. Un losange est un quadrilatère dont les côtés sont égaux et obliques les uns sur les autres. ABCD (F. 16) est un losange.

208. Un rectangle est un quadrilatère dont les angles sont droits et les côtés contigus inégaux. ABCD (F. 15) est un rectangle.

209. Un carré est un quadrilatère dont les angles sont droits et les côtés égaux. ABCD (F. 17) est un carré.

Superficies.

210. Les unités de superficies sont des carrés ou des rectangles.

211. La superficie d'un rectangle égale le produit de la base par la hauteur.

Supposons AB = 17^m25, AC = 7^m8, (F. 15). La superficie de ce rectangle = $17^m25 \times 7^m8 = 154^{mm}55$. (Les deux mm signifient mètres carrés.

212. La superficie d'un carré égale le carré numérique du côté. Supposons AB (F. 17) = 16^m. La superficie de ce carré = $16 \times 16 = 256^{mm}$.

213. La superficie d'un parallélogramme égale le produit de la base par la hauteur.

Supposons (F. 14) AB = 18^m5, EF = 7^m8. On aura : S.P = $18^m5 \times 7^m8 = 144^{mm}30$.

214. La superficie d'un trapèze égale le produit de la moyenne des deux bases par la hauteur.

Supposons (F. 13) AB = 27^m CD = 21^m, et EF = 18^m on aura : $ST_r = \dfrac{27 + 21}{2} \times 18 = 432^{mm}$

215. La superficie d'un triangle égale la moitié du produit de la base par la hauteur.

Supposons (F. 10) AB = 25^m CD = 16^m. On aura S.T = $\dfrac{25 \times 16}{2} = 200^{mm}$.

La superficie d'un triangle égale aussi la racine carrée du produit fait avec la demi somme des côtés et les différences de chaque côté à cette demi somme.

Supposons toujours (F. 10) AB = 25^m AC = 22^m et BC = 17^m.

Nous aurons :

$$S.T = \sqrt{\frac{s}{2} \times \left(\frac{s}{2} - C\right) \times \left(\frac{s}{2} - C'\right) \times \left(\frac{s}{2} - C''\right)}$$

$$S.T = \sqrt{\frac{64}{2} \times \left(\frac{64}{2} - 25\right) \times \left(\frac{64}{2} - 22\right) \times \frac{64}{2} -}$$

$17 = 183^{mm}30$
32
7

$224 \times 10 = 2240$	$3,3600$	$183,30$
15	$25,6$	28
11200	1200	363
2240	11100	3663
33600	11100	3666

216. La superficie d'un polygone régulier égale la moitié du produit du contour par le rayon du cercle inscrit.

Supposons le polygone ABCDEF (F. 6), et admettons que DE $= 18^m$, OI $+ 15^m58$. On aura :

$$S.Po = \frac{18 \times 6 \times 15^m 58}{2} = 844^{mm}32.$$

217. La superficie d'un cercle égale le produit fait avec la longueur de la circonférence et la moitié du rayon, ou bien le carré numérique du rayon multiplié par 3,1416, ou bien encore le carré numérique du diamètre multiplié par 3.1416 divisé par 4.

La superficie du cercle (F. 2) $= 15^m 708 \times 1,25 = 19^{mm}635$

ou bien S.C. $= 2,^m5 \times 2,^m5 \times 3,1416 = 19^{mm}635$

ou bien encore S.C $= \dfrac{5 \times 5 \times 3,1516}{4} = 19^{mm}635$

218. Un secteur de cercle est formé par deux rayons et l'arc qui les sépare.

La superficie d'un secteur égale le produit de l'arc par le rayon divisé par 2.

Supposons l'arc AB (F.2) le $\frac{1}{6}$ de la circonférence, soit $2^m,618$, le rayon $= 5^m$. On aura :

$$S.\ Sect. = \frac{2,618 \times 5}{2} = 6^{mm}545.$$

219. Un segment de cercle est formé par un arc et sa corde.

La superficie d'un segment égale la superficie du secteur du même arc moins la superficie du triangle formé par la corde et les deux rayons.

Soit le segment ACB (F. 2).

La superficie du secteur égale $6,^{mm}545$ (N°218)

$$S.\ T^{ri}\ AOD = \frac{2^m5 \times 4^m33}{2} = 5^{mm}4125$$

$$S.\ Seg. = 6,^{mm}545 - 5,_{mm}4125 = 1,^{mm}1325.$$

220. La superficie d'un polygone égale aussi la somme des triangles, des trapèzes... etc., qu'on peut y former.

Soit proposé de trouver la superficie du polygone irrégulier A B C D E F G (F. 7).

Cette superficie se compose de la superficie du triangle C O B, du trapèze C O I D, du rectangle D I E K, dn triangle E K F, du triangle B H A, du trapèze H A L G. et du triangle G L F.

Maintenant supposons $B O = 15$ m., $O C = 36$ m., $I D = 20$ m., $K F = 24$ m., $B H = 34$ m., $L G = 58$ m. $H L = 60$ m. et $L F = 28$ m. $H A = 34$, $I K = 49$, $HI = 16$.

$$\text{S.T.} \quad \text{COB} \quad = \frac{36 \times 15}{2} \quad = 270^{\text{mm}}$$

$$\text{S.T}_{\text{rap}} \ \text{COID} = \frac{36 + 20}{2} \times 34 = 952$$

$$\text{S.R.} \quad \text{DIEK} = 49 \times 20 \quad = 980$$

$$\text{S.T.} \quad \text{EKF} = \frac{24 \times 20}{2} \quad = 240$$

$$\text{S.T.} \quad \text{BHA} = \frac{34 \times 34}{2} \quad = 578$$

$$\text{S.T}_{\text{rap}} \text{HALG} = \frac{34 + 38}{2} \times 60 = 2160$$

$$\text{S.T.} \quad \text{GLF} = \frac{22 \times 58}{2} \quad = 532$$

$$\text{Sup. Polygone} \quad = \quad \overline{5710^{\text{mm}}}$$

SURFACES CYLINDRIQUES.

221. La surface cylindrique est une surface courbe réglée selon des parallèles.

222. Un cylindre est un corps terminé par une surface cylindrique et deux faces planes. Il est complet si ces deux faces sont parallèles, et tronqué si les deux faces planes ne sont pas parallèles. La figure 18 représente un cylindre complet: la figure 19, un cylindre tronqué.

223. Un manchon cylindrique est un cylindre évidé en cylindre (F. 20).

224. La surface courbe d'un cylindre complet égale le produit du contour de la base par la longueur.

Soit le diamètre A B (F. 18) égale $3,^{m}25$, la longueur O D $= 5,^{m}5$, on aura pour surface courbe :

$3,^{m}25 \times 3,1416 \times 5_{m}5 = 56,^{mm}1561.$

225. La surface totale d'un cylindre égale la somme de la surface courbe et des deux faces planes.

Soit le cylindre (F. 18)

Surfaces planes $= 1,^{m}625 \times 1,^{m}625 \times 3,$
$$1416 \times 2 = 27^{mm}7476$$
Surface courbe $= 56, \ 1561$
Surface totale $= 83^{mm}9037$

226. La surface courbe d'un cylindre tronqué égale le produit du contour de la base par la moyenne des droites de la surface.

Soit le diamètre A B (F. 19) $= 3,^{m}8$. La longueur CD $= 5,^{m}6$:

On aura pour surface courbe $3,^{m}8 \times 3,1416 \times 5,^{m}6 = 66,^{mm}855.$

227. La surface totale d'un manchon cylindrique égale la somme des deux surfaces cylindriques et des deux bandes circulaires qui forment les bases.

Soit AB (F. 20) $= 1^{m}$ BC $= 0,_{m}8$, DE $= 3^{m}9$

On aura : Surface courbe extérieure $= 1_{m}8 \times 2 \times 3,1416 \times 3,^{m}9 = 44,^{mm}108$
Surface courbe intérieure $=$
$$1 \times 2 \times 3,1416 \times 3,9 = 24, \quad 504$$
Surfaces bandes $= (1,8 \times 1,8 \times 3,1416)$
$$- 1 \times 1 \times 3,1416 \times 2 = 14, \quad 074$$
Surface totale $82,^{mm}686$

SURFACES CONIQUES.

228. La surface conique est une surface courbe réglée selon des concourantes.

229. Un cône est un corps terminé par une

surface conique et une face plane qui en est la base. Il est complet s'il renferme le point de concours des droites de la surface courbe (F. 21). Il est tronqué dans le cas contraire (F. 22)

230. Un manchon conique est un cône tronqué évidé en cône.

231. La surface courbe d'un cône droit, circulaire et complet, égale la moitié du produit du contour de la base par une droite de cette surface.

Soit O A (F. 21) = 0,^{m}8, et B C = 2,^{m}5

On aura pour surface courbe 0,^{m}8 × 2×3,1416 × 2,5 = 6,2832.

232. La surface courbe d'un tronc de cône droit et circulaire à bases parallèles égale la moitié du produit fait avec la demi-somme des bases et une droite de cette surface.

Soit A B (F. 22) = 0^{m}8, B C = 0^{m}5, et D E = 1^{m}4.

On aura : surface courbe =

$$\frac{\sqrt{(0,^m8 + 0.5)\, 2\times 3,1416) + (0^m5\times 2\times 3,1416)}}{2}$$

× 1,^{m}4 = 9,^{m}226304.

SURFACE SPHÉRIQUE.

233. La surface sphérique est une surface courbe non réglée. Tous ses points sont également distants d'un autre qui est le centre.

234. Une sphère est un corps terminé de toutes parts par la surface sphérique. (F. 24)

235. La surface d'une sphère égale le produit de 3,1416 par le carré numérique du diamètre.

Soit A R (F. 24) = 0,^{m}225

On aura : S.Sph. = 0,^{m}45 × 0,^{m}45 × 3,1416 = 0,^{mm}636174.

236. La calotte sphérique est une portion de sphère terminée par un cercle qui en forme la base. EF (F. 24)

237. La hauteur d'une calotte sphérique est la plus grande distance de la face courbe à la base. Soit C D (Fr 24)

238. La surface courbe d'une calotte sphérique égale le produit fait avec le diamètre de la sphère, le nombre 3,1416 et la hauteur.

Soit A B $= 0,^{m}225$, C.D $= 0,^{m}09$

On aura : Surface courbe calotte sphérique $= 0,^{m}45 \times 3,1416 \times 0,^{m}09 = 0,^{mm}127$.

239. Une zône sphérique est une portion de sphère terminée par deux courbes parallèles qui en sont les bases. E F G I (F. 24)

240. La hauteur d'une zône est la distance de ses bases D H (F. 24).

241. La surface courbe d'une zône se mesure comme celle d'une calotte.

Soit A B (F. 24) $= 0,^{m}225$, D H $= 0,^{m}12$.

On aura :

Surface courbe zône sphérique $= 0,^{m}45 \times 3, 1416 \times 0,^{m}12 = 0,^{mm}1696$.

POLYÈDRES.

242. Un polyèdre est un corps dont toutes les faces sont planes.

243. Un prisme est un polyèdre dont toutes les arêtes, limitées à une même face sont parallèles : cette face en est la base.

244. Une pyramide est un polyèdre dans lequel toutes les arêtes limitées à une même face sont concourantes : cette face en est la base. (F. 25).

245. Un prisme complet a deux faces parallèles, et ses arêtes parallèles sont égales, (F. 26).
Dans le cas contraire le prisme est tronqué. (F.
27).

246. Un prisme est droit ou oblique, selon que
les arêtes parallèles sont perpendiculaires ou
obliques sur la base. Le prisme (F. 26) est droit.
Le prisme (F. 28) est oblique.

247. Les faces latérales d'un prisme sont tou‑
tes celles qui vont d'une base à l'autre.

248. La hauteur d'un prisme est la perpendiculaire abaissée d'un point de la base supérieure
sur la base inférieure.

249. La longueur d'un prisme égale celle
des arêtes parallèles.

250. On distingue les prismes par les noms
des polygones qui forment leur base.

251. Un parallélipipède est un prisme qui a
pour base un parallélogramme. (F. 26).

252. Le prisme rectangle est droit, et a pour
base un rectangle (F. 27).

253. Un prisme carré est droit, et a pour base
un carré. (F. 29).

254. Un cube est un parallélipipède dont les
six faces sont des carrés. (F. 30).

MESURAGE DES PRISMES.

Le volume d'un prisme est l'espace plein renfermé entre toutes les faces.

256. La capacité d'un corps creux est l'espace
vide renfermé entre les parois. La capacité se
mesure comme le volume.

257. La surface totale d'un prisme égale la

somme des bases et des faces latérales. (Voir les numéros 211, 212, 213, 214, 215, 216).

258. Les unités de volumes ou de capacités sont des cubes et des prismes carrés.

259. Le volume d'un prisme rectangle égale le produit fait avec sa hauteur, sa largeur et son épaisseur.

Soit proposé de trouver le volume d'un prisme carré. (F. 29).

Supposons $AB = 1,^m25$ $EF = 3,^m65$.

On aura : V.P. C.$=1^m25\times1^m25\times3^m65=5^{me}703$.

260. Jauger un vase en litres revient à le mesurer en décimètres cubes.

Ainsi, la capacité d'un prisme creux semblable à l'intérieur au prisme précédent. $= 5703$ litres.

261. Cuber du bois en stères revient à le mesurer en mètres cubes.

262. Le cube d'un nombre est le produit fait avec ce nombre employé trois fois.

263. Le volume d'un cube égale le cube numérique de l'arête soit AB (F. 30) $= 1,^m8$.

On aura : V.C. $= 1^m8\times1^m8\times1^m8= 5,^m832$.

264. Le volume d'un prisme quelconque égale le produit de la superficie de la base par la hauteur (F. 28).

La base présentant un pentagone irrégulier, je la divise en trois triangles ABC. ACD. ADE.

Soit $AC = 1^m2$, $IB = 0,^m4$, $AD = 1^m4$, $LC = 0,^m3$, $KE = 0,^m45$,

$$S.T= \frac{1^m2 \times 0,4}{2} = 0^{mm}24$$

$$S. T = \frac{1^m4 \times 0^m3}{2} = 0^{mm}21$$

S.T'' $= 1^m4 \times 0,^m 45 = 0^{mm} 315$

S.B. $= 0,^{mm} 24 + 0,^{mm} 21 + 0,315 = 0_{mm}765$

V.P $= 0,^{mm} 765 \times 1^m 75 = 1,337$.

265. Le volume d'un tronc de prisme triangulaire et droit égale le produit de la surface de la base par la moyenne des arêtes parallèles.

Soit proposé de trouver le volume du tronc de prisme triangulaire (F. 31), et que l'on ait **AB** $= 0,^m75$, CD $= 0^m82$. EF $= 1^m2$, CH $= 0^m72$, et IK $= 0^m9$

$$S.B. = \frac{0^m 75 \times 0^m 82}{2} = 0,_{mm} 3075.$$

$$V.P.T. = 0^{mm}3075 \times \left(\frac{1,^m2 + 0,^m72 + 0^m9}{3} \right)$$
$$= 0,^{mc}289.$$

266. Le volume d'un tronc de parallélipipède droit se mesure comme le tronc de prisme triangulaire et droit.

Pyramides.

267. Les faces latérales de la pyramide vont de la base au sommet : ce sont des triangles.

268. Le sommet d'une pyramide est le point de rencontre de toutes les arêtes concourantes.

269. La hauteur d'une pyramide est la perpendiculaire abaissée du sommet sur le plan de la base.

270. Une pyramide est complète si elle contient le sommet (F. 25) : elle est tronquée dans le cas contraire. (F. 32).

271. Une pyramide triangulaire est le tiers d'un prisme de même base et de même hauteur.

272. La surface totale d'une pyramide égale la somme des faces latérales et de la base.

Soit proposé de trouver la surface totale de la

pyramide hexagonale (F. 25) ; et soit AB = 4^m,
On aura : OC = 3^{m}464 ; DI = 7^m. On aura HI =
= 6^{m}708, car OB étant l'hypoténuse du triangle
rectangle OCB, et DI l'hypoténuse du triangle
rectangle DHI. Si l'on extrait la racine carrée de
la différence du carré du petit côté au carré de
l'hypoténuse, le résultat donne la longueur de
l'autre petit côté.

$$\text{S.B.P} = \frac{4 \times 3,464 \times 6}{2} = 41^{mm}568$$

$$\text{S.} - \text{S.L} = \frac{4^m \times 6,708 \times 6}{2} = 80,^{mm}496$$

$$\text{S.T} = 41,568 + 80,^{mm}496 = 122,^{mm}064$$

273. Le volume d'une pyramide égale le tiers
de la superficie de la base multipliée par la hauteur.

Soit proposé de trouver le volume de la pyramide (F. 25), si OC = 3,^{m}464 et HI = 6^{m}708, on
a pour hauteur 5^{m}744.

$$\text{V.P} = \frac{41^{mm}568 \times 5,744}{3} = 79^{mc}588863$$

274. Le volume d'un tronc de pyramide à bases
parallèles égale le tiers du produit fait avec la
hauteur et la somme des deux bases ajoutées à la
racine carrée de leur produit.

Soit proposé de trouver le volume du tronc de
pyramide (F. 32), dont la grande base soit égale
à la base de la pyramide, (F. 25), et dont le côté
de la petite base soit 2^{m}8. On aura pour superficie de la petite base :

$$\frac{2,8 \times 2^m425 \times 6}{2} = 20^{mm}37 \quad \text{hauteur} = 2^m462$$

$$V.T.P = \sqrt{\dfrac{41,^m568 \times 20_m37 \times 41,568 + 20^m37}{3}}$$

$\times 2,462 = 74^{mc}712.$

275. Le volume d'un cylindre quelconque égale le produit de la base par la hauteur.

Soit proposé de trouver le volume du cylindre (F. 18).

$$V. \text{Cy.} = R \times R \times 3,1416 \times H$$

$$V. \text{Cy.} = 1^m625 \times 1^m625 \times 3,1416 \times 5^m4 = 44^{mc}785.$$

276. Le volume d'un tronc cylindrique droit, qui a un axe, égale le produit de la base par la moyenne des droites de la surface courbe.

Soit proposé de calculer le volume d'un tronc de cylindre (F. 19).

$$VCT = R \times R \times 3,1416 \times \dfrac{H + h}{2}$$

$$VC.T = 1^m9 \times 1^m9 \times 3,5416 \times 5^m6 = 63^{mc}61$$

277. Le volume d'un cône quelconque égale le tiers du produit de la base par la hauteur.

Soit proposé de calculer le volume du cône (F. 21).

$$V.C = \dfrac{R \times R \times 3,1416 \times H}{3}$$

$$V.C = \dfrac{0^m8 \times 0,^m8 \times 3,1416 \times 2^m37}{3} = 1^m_c588$$

278. Le volume des parois d'un manchon cylindrique égale l'excès du grand cylindre sur le petit.

Soit proposé de calculer le volume du manchon cylindrique (F. 20).

$$V.M.C. = R \times R \times 3,1416 \times H - r \times r \times$$

$3,1416 \times H$

$$V.M.C. = 1^m8 \times 1^m8 \times 3,1416 \times 3^m9 - 1^m \times 1^m \times 3,1416 \times 5^m9 = 27,^{mc}445$$

279. Le volume d'un tronc de cône droit, à bases parallèles, se calcule comme celui d'un tronc de pyramide.

Soit proposé de trouver le volume du tronc de cône (F 22).

$$V.TC = \frac{\sqrt{(\overline{B \times b})} + B + b \times H}{3}$$

Supposons la hauteur $1,^m5$

$$VTC =$$

$$\frac{\sqrt{(1^m5 \times 1_m5 \times 3,1416 \times 0^m8 \times 0,^m8 \times 3,1416)} + 1^m5 \times 1_m5 \times 3,1416 + 0_m8 \times 0^m8 \times 3,1416 \times}{3}$$

$1_m5 = 13,^{mc}763.$

280. Le volume des parois d'un manchon conique égale l'excès du grand tronc de cône sur le petit.

Ainsi, cuber un manchon conique revient à calculer le volume du grand tronc de cône, celui du petit; puis retrancher celui-ci du premier. La différence égale le volume de la paroi tronc conique.

281. Le volume d'une sphère égale le sixième du produit fait avec le cube numérique du diamètre et le nombre 3,1416.

Soit proposé de calculer le volume de la sphère (F. 24).

$$V.S. = \frac{D \times D \times D \times 3,1416}{6}$$

$$V.S.= \frac{0,^m45 \times 0,^m45 \times 0,^m45 \times 31416}{6} =$$

$0,^{mc}047379$.

282. Le volume d'une calotte sphérique, (F. 24) = la moitié du cylindre dont EF serait le diamètre et CD la hauteur; plus le volume de la sphère dont CD serait le diamètre.

Supposons E F = 0,^m4.

$$V.C.Sph. = \frac{(0^m2 \times 0^m2 \times 3,1416 \times 0^m09)}{2} - \frac{}{} +$$

$$\frac{0,^m09 \times 0,^m09 \times 0,^m09 \times 3,1416}{6} = 0^{mc}006036$$

283. Le volume d'une zône sphérique (F. 24) égale le produit fait avec la moitié de la superficie des deux bases dont GI et E seraient les diamètres, par la hauteur DH, plus le volume de la sphère dont DH serait le diamètre.

Supposons G I = 0,^m5, E F = 0,^m4 et DH = 0,09.

$$V.Z.S. = \frac{(0^m25 \times 0^m25 \times 3,1416 + 0^m2 \times 0_m2 \times}{2}$$

$$3,1416) + \frac{0^m09 \times 0^m09 \times 0^m09 \times 3,1416}{6} =$$

$0,^{mc}014871$.

JAUGEAGE.

284. Pour jauger un tonneau, ajoutez au double du diamètre du bouge le diamètre d'un des fonds, faites le carré du tiers de la somme, ensuite multipliez le produit par 3,1416, puis par la longueur du tonneau, prenez le quart du produit, vous aurez le volume en mètres cubes. Il

vous sera facile de réduire ce volume en hectolitres ou en litres.

Il faut observer qu'on ne peut prendre la longueur du tonneau qu'à l'extérieur, et selon une ligne autant que possible, perpendiculaire aux fonds : il faut ensuite déduire de cette longueur l'épaisseur des fonds dont chacun varie de 18 à 24 millimètres.

Exemple.

Supposons que les diamètres du bouge d'un tonneau soit $0,^m854$, celui des fonds $0,^m797$, et la longueur $1,^m18$ c. En diminuant 21 millimètres pour chaque fond il restera pour longueur intérieure $1,^m138$.

$$V.T = \frac{(0^m854 \times 2 + 0^m797}{3} \times \frac{0^m854 + 2^m + 0_m797)}{3}$$

$$\times \frac{3,1416 \times 1^m138}{4} = 0^{mc}62318$$

ou 6^h2518 —ou 623 lit. 18 c.

285. Le volume d'un corps quelconque égale la somme de tous les prismes droits, triangulaires ou rectangles, complets ou tronqués que fournit le dessin de ce corps.

286. Le poids spécifique d'un corps est celui de l'unité de volume.

287. Le poids d'un corps égale le produit du poids spécifique par le volume.

288. Le poids d'un décimètre cube est ce qu'on nomme le poids spécifique d'un corps.

279. Voici le poids spécifique des corps qu'il est le plus utile de connaître.

Un décimètre cube

Acier pèse	7^k 67	Huile d'olive —	0^{k}9153
Air —	0,0013	Mercure —	13, 598
Argent —	10, 7	Noyer —	0, 671
Brique —	2, 168	Or fondu —	19.2581
Chêne (cœur) —	1, 17	Platine —	22, 7
Cuivre rouge —	8, 788	Plomb fondu —	11,3523
Eau-de-vie —	0, 86	Sapin —	0, 55
Esprit-de-vin —	0, 837	Suif —	0, 942
Etain —	7,2914	Verre —	2,4882
Fer en barre —	7, 788	Vin (bon) —	0. 99
Fer de fonte —	7, 207	Zinc —	7, 191
Glace d'eau —	0, 93		

Soit proposé de trouver le poids d'une barre de fer de 5,^{m}25 de longueur, sur une largeur de 0,^{m}15 et nne épaisseur de 0,^{m}03 c.

Pour cela je calcule le volume en décimètres cubes, et j'ai

$$V. = 52^{d}5 \times 1^{d}5, \times 0^{d}3 = 23,^{dc}625.$$

Multipliant le volume par le poids du décimètre cube, on trouve

$$23,^{dc}625 \times 7,788 = 183 \text{ k. } 991 \text{ grammes.}$$

PROBLÊMES.

Première Série.

1. Ecrire en lettres le nombre 705104.

2. Ecrire en chiffres le nombre vingt-sept millions-quinze mille-quarante.

3. Ecrire en chiffres le nombre huit billions-quatre-vingt-treize mille vingt-neuf.

4. Ecrire en lettres le nombre 920000480057.

5. Un commerçant a vendu 18509 f. de drap

qui lui coûtait 15700 f. Quelle somme a-t-il ga-
gnée ?

6. Un marchand de volailles a acheté 118 pièces
de volailles dans un endroit, 65 dans un autre,
209 dans un troisième, 418 dans un quatrième.
Combien de pièces de volailles possède-t-il en
tout ?

7. Un piéton fait 8 lieues par jour. Combien
mettra-t-il de jours à parcourir la distance de
Paris à Marseille ? Elle est de 200 lieues.

8. Je dois au boulanger 57 f. 35, au marchand
de vin 18 f. 45, au boucher 21 f. 05, au cordonnier 16 f. 40, au tailleur 92 f., à l'épicier 9 f. 35.
Quelle somme me faut-il pour payer ?

9. Du vin de champagne coûte 1 f. 80 c. la
bouteille. On paye 0,f.25 c. par bouteille pour le
faire venir à Paris ; et les droits, joints aux faux
frais, s'élèveront à 0,f. 55 c. par bouteille. Quelle
somme faudra-t-il débourser pour 500 bouteilles ?

10. Une personne ne voudrait dépenser que la
45me partie de son gain annuel pour son entretien.
Elle gagne 7020 f. Combien peut-elle dépenser
par mois ?

11. J'ai payé 234 f. pour 4875 kilogrammes de
charbon de terre. A combien me revient le millier ?

12. Convertir la fraction décimale 0,495 en
fraction ordinaire ?

13. On permet à une personne de choisir entre
deux coupons de drap, l'un de $\frac{5}{8}$ et l'autre de $\frac{11}{31}$.
Lequel doit-elle préférer, et combien aura-t-elle
de plus en préférant le plus grand ?

14. Un ouvrier est payé à raison de 4 f. 75 c.

par jour. Combien lui doit-on pour 18 jours $\dfrac{8}{11}$

15. Une personne est parvenue à épargner 5430 f. en 9 années. Quel sera son avoir au bout de 25 ans, si elle continue d'économiser toujours de la même manière ?

16. On a payé une certaine somme pour faire transporter 1850 quintaux à 95 lieues. Combien ferait-on transporter de quintaux à 125 lieues pour la même somme ?

17. On sait qu'une diligence marchant pendant 4 heures a fait 36 kilomètres. Quel chemin parcourra-t-elle en 27 heures ?

18. Un commerçant a payé 1894 f. pour 185 mètres d'étoffe. Combien doit-il vendre le mètre pour gagner 400 f. ?

19. Six cordiers ont fait, le premier 92,^{m}008 de corde, le second 37,^{m}08 c., le troisième 1977 centimètres, le quatrième 781 décimètres, le cinquième 24 décimètres et le sixième 7818 millimètres. Combien à eux tous ont-ils fait de mètres?

20. Quelqu'un achète 178,^{m} de toile, à 2 f. 75 le mètre. Quelle somme doit-il payer ?

21. Une personne est née le 20 novembre 1796. Quel âge a-t-elle le 12 mars 1861 ?

22. Ecrire en lettres le nombre 40078600.

23. On a pesé une chaîne en or six fois, et chaque fois on a trouvé un poids différent. La 1re fois 15,^{g}258, la 2e 15^{g}197, la 3e 15^{g}309, la 4e 15,^{g}302, la 5e 15,^{g}255, et la 6e 15,^{g}297. On prend le poids moyen pour celui de la chaîne. Quel est ce poids?

24. Un père avait promis de donner une dot

de 18560 f. à chacune de ses quatre filles; mais quelque temps après une cinquième vient à naître. De combien doivent être les dots, le père ne voulant pas se dessaisir d'une plus grande somme?

25. Un bâton de 1,^{m}35, planté à plomb, a une de 1,^{m}25; et au même moment l'ombre d'un sapin est de 51 mètres. Quelle est la hauteur de l'arbre?

26. Un voyageur a fait 48 lieues en 4 jours $\dfrac{2}{3}$. Quel est le chemin fait par jour?

27. On a employé 17 mesures $\dfrac{5}{6}$ de semence pour emblaver 7 hectares 458 centiares. Combien faut-il par hectare?

28. Quel est le prix de 18575 kilog. de sel à 227 f. le millier?

29. Un débiteur a payé pour 1er à-compte sur sa dette 7327 f., pour 2e à-compte 1958 f. pour 2e à-compte 1925 f., et pour solde 827 f. Combien devait-il?

30. Un homme possède 721857 f. mais il en doit le cinquième. Quelle est sa fortune?

31. Ecrire en chiffres 5809 hectomètres en prenant le myriamètre pour unité.

32. Une cuve pleine de vin contient 41,^{h}085. Combien faut-il de tonneaux de 228,^{l}25 pour l'épuiser?

33. Un propriétaire a 5 pièces de terre : l'une de 7,^{h}5^{a}8^c, une autre de 3^{h}25^{a}3^d, une 3^e de 87^{a}55^c, une 4^e de 1^{h}85 centiares, et enfin la 5^e de 98^{a}7^c. Quelle est en hectares l'étendue de ses terres?

34. Une pièce de drap contenant 92 mètres a

été payée 1500 f. Combien faut-il vendre le mètre pour gagner 444 f.?

35. Une provision d'avoine pouvait suffire pour nourrir 12 chevaux pendant une année; mais on achète 5 chevaux de plus. Corbien durera la provision si l'on ne change pas la ration?

36. On sait que 1 k. $\dfrac{2}{11}$ de pâte donne un kilog. de pain. Combien faut-il préparer de pâte pour 148 kilog. de pain?

37. Pour 16718 f. 75 c. on a eu 87851 kilog. de marchandise. A combien revient le quintal, à moins d'un centime près?

38. Un plancher est composé de 27 vieilles planches qui ont 0,^{m} 18 c. de largeur. Combien faudra-t-il de planches neuves de même longueur, et larges seulement de 0,^{m} 08 c. pour remplacer les vieilles?

39. Un marchand, après avoir acheté 280 kil. d'une marchandise, en revend 30 kilog. et gagne 7 f. Combien gagnera-t-il sur le tout s'il se maintient au même taux?

40. Ecrire en chiffres quarante-trois billions, seize mille cinquante-huit millièmes soixante-cinq billionièmes.

41. On veut faire de l'eau-de-vie à 20 degrés, avec de l'esprit de vin à 34 degrés. Quelle quantité d'eau doit-on mettre pour faire 248 litres d'eau-de-vie?

42. Un marchand achète 8738 stères de bois, à 8 f.; il paiera 5 f. 25 par stère pour faire conduire ce bois à Paris. De combien seront ses déboursés?

43. Un fossé de 10502 mètres a été fait en 178

jours. Combien faisait-on, terme moyen, de mètres par jour?

44. Faire le tableau des multiples et des sous-multiples de l'are.

45. La pièce d'or de 40 f. pèse 12 gr. 90332. Combien de kilogrammes pèsent 1000 rouleaux de 100 pièces chacun?

46. Un tonneau contenait 360 litres. On a déjà rempli 450 bouteilles contenant chacune 0 l. 78 c. Combien faut-il encore de bouteilles de même grandeur que les premières pour contenir ce qui reste dans le tonneau?

47. Une personne gagne chaque jour 5 f. 40, et elle en épargne le sixième. Combien lui faut-il d'années de travail pour avoir 8500 f. d'économies si elle travaille 309 jours par an?

48. Uu commerçant paye 7580 f. de loyer : il a donné un premier à compte de 3750 f.. un deuxième de 1490 f., un troisième de 900 f. Combien redoit il?

49. Deux associés ont mis la même somme dans une entreprise; mais l'un a payé de ses deniers une somme de 1400 f. et l'autre a pris dans la caisse commune 780 f. La société se dissout et il y a 16800 f. à partager. Quelle doit être la part de chaque associé?

50. Une provision de foin pouvait nourrir 9 chevaux pendant un an, la ration étant de 14 kilog. De combien devra être la ration si l'on achète un autre cheval?

51. Sur les $\frac{5}{8}$ de son bail un fermier a gagné 4300 fr. Combien gagnera-t-il pendant toute la

durée s'il le prolonge des $\dfrac{3}{5}$

52. 148 g.7 d. d'or ont coûté 375 fr. Quel est, à moins d'un centime près, le prix du kilog. ?

53. Réduire au même dénominateur les fractions $\dfrac{28}{75}\quad \dfrac{13}{18}\quad \dfrac{4}{27}\quad \dfrac{5}{8}$

54. Il faut à un ouvrier 28 jours $\dfrac{4}{9}$ pour faire un certain ouvrage ; il y a déjà travaillé une première semaine 5 jours $\dfrac{3}{4}$, une 2ᵐᵉ 4 jours $\dfrac{2}{3}$, une 3ᵐᵉ 4 jours $\dfrac{2}{5}$, et une 4ᵐᵉ 6 jours $\dfrac{5}{6}$. Combien lui faut-il encore de jours de travail pour terminer ?

55. Un soldat avait calculé qu'en faisant 21 kilomètres par jour, il rejoindrait son corps en 18 jours ; mais s'étant amusé, il est parti 5 jours plus tard qu'il ne devait. Combien, pour arriver à la même époque, doit-il faire de kilom. par jour ?

56. Combien un siècle fail-il de secondes ?

57. Un ouvrier fait les $\dfrac{3}{8}$ d'un ouvrage en $\dfrac{2}{5}$ de jour. Quelle partie du même ouvrage ferait-il en un jour ?

58. Combien 187479307 minutes font-elles d'années ?

59. Un marchand a 4 barriques d'eau-de-vie qui lui ont coûté 1080 fr. d'achat, 218 f. 45 de droits, et de transports 58 fr. 80 ; il voudrait gagner sur le tout 250 fr. et il sait que chaque bar-

rique contient 135 litres. Combien doit-il vendre le litre?

60. La pièce d'or de 20 fr. pèse 6 g. 45161. Quel est le poids en kilog. de un million de pièces de 20 francs?

61. Un voiturier charge 27 myriagrammes 8 hect. de café, 208 kilog. 29 grammes de sucre, 192 hectog. 7 décig. de poivre, 75 kilog. 8 décag. 35 centig. de savon, 308 kilog. 8 grammes de sel. Combien de quintaux portera sa voiture et quelle somme doit-on lui payer à raison de 15 c. par kilog.

62. Simplifier les fractions $\dfrac{1188}{2772}$ et $\dfrac{46053}{199563}$

63. Combien font $13\dfrac{5}{7} + 19\dfrac{4}{5} + 47\dfrac{5}{11} + 140\dfrac{8}{21}$

64. Sachant que la pièce de 5 francs pèse au plus 25 g. 975 et au moins 24 g. 925, on veut vérifier en pesant une somme de 3450880 fr. entièrement composée de pièces de 5 fr. Combien de kilog. doit-on trouver?

65. Un marchand fait venir 300 douzaines d'assiettes. La douzaine coûte 2 fr. 75, les frais de transport ont été payés à raison de 12 francs le quintal, et les droits d'entrée 15 francs le millier. Chaque assiette pèse 375 grammes. Il s'en est trouvé 50 de cassées. Le marchand veut gagner 10 c. 1/2 par assiette. Combien doit-il vendre la douzaine?

66. Une société de 26 personnes achète des terrains pour 105840 fr. qu'elle revend ensuite

1753020 fr. A combien s'élève le bénéfice de chacune de ces personnes?

67. Un cultivateur conserve 114^h 97^l 5^d d'a-
voine pour nourrir ses 9 chevaux pendant 1 an.
Quelle ration doit-il leur donner par jour?

68. Combien dois-je pour 9^m 4 centimètres de
drap à 18^f 50^c le mètre?

69. J'ai acheté 4 coupons de drap. Le premier
de $\frac{2}{3}$ mètre le 2me de $\frac{3}{4}$, le 3me de $\frac{5}{8}$ et le 4me
de $\frac{3}{5}$. Combien ai-je de mètres en tout?

70. Une diligence qui fait 9 k. 75 mètres par
heure a cheminé pendant 5 heures $\frac{7}{8}$. Combien
a-t-elle parcouru de kilomètres?

71. Combien coûte une pièce de drap de 67
mètres $\frac{5}{8}$ à 8 fr. 45 c. le mètre?

72. Une certaine somme peut suffire pour donner 25 c. par tête à 28 pauvres; mais il s'en
présente 35. Combien peut-on donner à chacun?

73. 58 kilog. de café valent autant que 108 k.
de sucre. Combien de kilog. de sucre devra-t-on
donner en échange de 148 kilog de café?

74. Une place assiégée renferme 780 hommes,
et a des vivres pour 95 jours. Combien de jours
dureront ces vivres s'il entre dans la place 275
hommes de renfort?

75. Un tailleur veut faire des habits avec 138
mètres de drap qu'il a payés 1975 fr. Il sait qu'il
faut pour chacun 2 m. $\frac{2}{7}$. Il paiera pour la fa-

çon et les fournitures de chaque habit 28 fr. 50. Combien gagnera-t-il s'il les vend 95 fr.

76. Ecrire en chiffres dix-huit billions cinq mille soixante-dix.

77. Un ouvrier met 4 h. $\frac{7}{9}$ à faire un mètre d'ouvrage. Combien de temps emploiera-t-il pour faire 75 m. 818 mm. de même ouvrage?

78. Le poids d'une livre vaut 0 k. 4895. Combien 127 k. 54 décag. font-ils de livres, à moins d'un centième près?

79. Une partie d'un champ estimée 15 centiares a produit 9 décal. de pommes de terre. Combien donnera d'hectolitres le champ entier, qui contient 28 ares 19 centiares?

80. Une pièce d'étoffe de 45 mètres $\frac{3}{4}$ pèse 8 kilog. $\frac{5}{6}$. Quel est le poids d'un seul mètre?

81. Un ouvrier fait un mètre en 12 heures $\frac{1}{3}$ Quel temps emploiera-t-il pour faire 7 mètres $\frac{5}{9}$

82. Convertir $\frac{77}{125}$ en fractions décimales.

83. Un marchand de fer avait en magasin 492 myriag. 8 h. de fer. Il lui en reste 18 quintaux. Combien a-t il vendu de kilog.

84. Ecrire en chiffres trois quintaux cinquante-sept décag. vingt huit millionièmes.

85. On estime qu'une coupe de bois dont l'étendue est de 175 hectares, donnera, par hecta-

re, 375 stères.   Combien aura t on de bénéfice si l'on paie cette coupe 835008 fr. et que l'on vende le stère 17 fr. 75?

86. Un fermier a récolté 727 hectolitres de blé; il en vend une première fois 185 hect. une 2me fois 129 hect. il en donne à son propriétaire 198 hect. et il a consommé 78 hect. Combien lui reste-t-il d'hectolitres?

87. Un voiturier a transporté en 4 voyages 3^{mc}927 de terre. Combien faudrait-il de voyages de la même voiture pour transporter 58^{mc}178?

88. Quelqu'un veut vendre un cheval, le harnais et le cabriolet 1850 fr. Le harnais est estimé 185 fr., le cheval vaut 450 fr. A combien revient la voiture?

89. Il y a dans une administration 96 chevaux. On dépense chaque jour pour leur nourriture 130 f. 50. Quelle est la dépense d'un année?

90. Le diamètre d'une pièce de 40 f. est de 26 millimètres, celui de la pièce de 20 f. est de 21 millimètres seulement. Quelle longueur formera-t-on si l'on met à côté l'une de l'autre, de manière qu'elles se touchent et soient bien alignées, 32 pièces de 40 f. et 8 pièces de 20 f. ?

91. Une commune cède à un meunier les $\frac{2}{5}$ de l'eau d'une rivière, à un papetier les $\frac{5}{16}$, et à un maître de forge le $\frac{1}{3}$ du courant d'eau. De quelle partie de la force de la rivière cette commune peut-elle encore disposer ?

92. Un ouvrier a fait 184 mètres $\dfrac{5}{8}$ d'ouvrage à 3 fr. 85 le mètre. Quelle somme doit-il recevoir?

93. Les $\dfrac{11}{16}$ d'un pré coûtent 1264 fr. Combien coûtera le pré entier si le reste est payé à proportion?

94. Ecrire en chiffres trente-quatre milliards cinq mille dix-huit francs.

95. Un sac de blé contenant 2 hect. 28 litres pèse 185 kil. $\dfrac{3}{4}$. Quel est le poids de l'hectolitre?

96. Ecrire en chiffres vingt-huit quintillions, quatre trillions, vingt-huit mille neuf unités, cent trois millièmes, quarante trillionièmes.

97. On a employé 3 kilog. $\dfrac{5}{6}$ d'indigo pour teindre 21 mètres $\dfrac{7}{8}$ de drap. Combien faut-il d'indigo par mètre?

98. J'ai payé 15 fr. 25 pour $\dfrac{5}{7}$ mèt. de drap. Quel est le prix du mètre?

99. Une lampe consume $\dfrac{1}{16}$ kilo. d'huile par heure. On la tient allumée 2 heures 1/4 par jour. Le prix du kilog. est de 1 fr. 55 c. Quelle est la dépense annuelle?

100. Deux troupes d'ouvriers travaillent à une route qui doit avoir 124580 mètres. Elles ont commencé aux deux bouts et vont l'une vers l'autre. La plus forte fait 16 mètres par jour, et la plus faible 14 mètres. Au bout de combien de

jours se rencontreront-elles, et combien chaque troupe aura-t-elle fait de mètres?

101. Il faut 98 grammes d'indigo pour teindre 1 mètre d'étoffe. Combien en faudra-t-il pour $18^m + \dfrac{5}{8}$

102. Le quintal d'une marchandise coûte 787 francs 25 c. Combien doit-on payer pour 186 myriag, 85 décag.

103. Un propriétaire avait dans sa cave 40857 litres de vin. Il en a fait cette année 12816 litres ; combien d'hectolitres lui reste-t il aujourd'hui dans sa cave?

104. Un marchand de vin a fait venir 450 bouteilles de Bordeaux qui lui coûtent, rendues dans sa cave, 562 fr. 50. Combien doit-il vendre la bouteille pour gagner 360 fr.

105. Un ouvrier fait 1^m45 centim. d'ouvrage en $\dfrac{3}{4}$ d'heure. Combien fera-t-il de mètres par journée de 12 heures s'il travaille toujours de la même manière?

106. Une personne a payé 13 fr. pour $\dfrac{7}{8}$ mètre d'étoffe. Combien lui coûteront 7 mètres $\dfrac{2}{3}$?

107. Une pièce de terre contient 725 hectares. On en laisse 287 hectares en jachère, et il en a déjà été labouré 129 h. 38 ares. Combien d'hectares faut-il encore labourer?

108. Un décalitre de blé ordinaire produit 6 k. 85 de pain. Combien faut-il d'hectolitres de blé, à moins d'un décilitre près, pour 48 quintaux 6 kilog de pain?

109. Combien feront de mètres d'ouvrage 25 ou-
vriers travaillant de 5 h. $\dfrac{1}{2}$ à 9 h. $\dfrac{3}{4}$ du matin
et produisant chacun 0^{m}18^c par heure?

110 Un fermier gagne 7850 fr. pendant les $\dfrac{5}{8}$
de son bail. Combien gagnera-t-il s'il le prolonge
de $\dfrac{1}{3}$?

111. Ecrire en chiffres quatre quintillions,
seize trillions, vingt-neuf mille.

112. Une perche de 5 mètres plantée d'aplomb
donne une ombre de 3 m. 75. Quelle est la hauteur d'un clcoher, qui, au même moment, produit
une ombre de 48^{m}50

113. Sachant que 80 degrés du thermomètre
Réaumur valent 100 degrés du thermomètre
centigrade, convertir 52° 85 Réaumur en degrés
centigrades.

114. L'alliage employé pour souder se compose de 1 kilog d'étain et de deux kilog de plomb:
Combien y a-t-il de chacun de ces métaux dans
le poids de 2 k. 325 gram.

115. Un vigneron a dans sa cave 6 tonneaux
de vin, l'un contient 8 h. 32 litres; un autre 745
litres 8 cent., un 3me 692 litres 7 déc., un 4me 49
décal. 75 centil., un 5me 5 hect. 8 lit. 7 cent., et
enfin le 6me 741 litres 28 cent. Combien ce vigneron possède-t-il d'hect. de vin?

116. On a payé 16 fr. 85 c. les $\dfrac{5}{9}$ kilog. d'une
certaine marchandise. Quel est le prix du kilog?

117. On sait qu'un étang se vide ordinaire-

ment par ses deux vannes ; par une seule de ses vannes il peut se vider en 28 heures. Combien d'heures faudrait-il pour le vider en n'ouvrant que la 2me vanne ?

118. On a labouré un premier jour $\dfrac{1}{5}$ d'une pièce de terre, le second jour $\dfrac{2}{7}$; le troisième jour $\dfrac{1}{4}$ et le quatrième $\dfrac{2}{9}$. Quelle fraction de la pièce reste-t-il à labourer?

119. Réduire à sa plus simple expression la fraction $\dfrac{462}{3234}$.

120. Un fermier possédait 2850 fr. 25. Il a acheté et revendu 5 chevaux sur lesquels il a perdu 780 fr. et 150 moutons sur lesquels il a gagné 985 fr.; il a vendu 6 bœufs qu'il a engraissés 1520 fr.; mais il a payé une dette de 787 fr. puis pour réparation 229 fr. 55 c. Quelle somme possède-t-il encore?

121. Un marchand achète d'un cultivateur 178 hectolitres de blé à 18 fr. et 457 hectolitres d'avoine à 9 fr. 25. Le cultivateur reçoit en paiement 5 billets : un de 800 fr., un autre de 950 fr. et un troisième de 3700 fr. Combien le marchand doit-il ajouter pour solde?

122. Un marchand de vin a 235 litres de vin à 60 centimes, 185 litres à 75 c., 208 litres à 40 c. Il veut mélanger le tout et vendre le litre 30 c. Combien doit-il ajouter d'eau pour opérer la réduction à ce dernier prix?

123. Il entre dans une cloche 430 kilog. d'étain à 2 fr. 75 c., 855 kilog de cuivre à 1 fr. 90,

et 35 kilog. de zinc à 0 fr. 55 c. Quel est le prix du kilog. de cet alliage, combien pèse la cloche et combien coûte-t-elle?

124. Deux troupes de terrassiers ont commencé un fossé par les deux bouts et sont arrivées en même temps au milieu; elles formaient ensemble 84 hommes. Chaque ouvrier de l'une faisait 4 mètres courants dans un jour; et chaque ouvrier de l'autre faisait 3 mètres. De combien d'hommes était composée chaque troupe?

125. Une succession de 157300 doit être partagée également entre trois familles. La première se compose de 5 personnes égales en droits; la deuxième de 7 personnes qui ont aussi les mêmes droits; et la troisième de 8 personnes égales aussi en droits. Quelles sont les parts de chacune de ces personnes?

126. Un marchand de vin mélange 140 litres de vin à 50 c. 800 litres à 60 c. 128 litres à 40 c. et 300 litres à 75 c. puis $\frac{1}{10}$ d'eau. Combien doit-il vendre le litre pour gagner 275 francs?

127. Pour avoir 1 kilog. de pain il faut mettre au four 1 k. $\frac{2}{15}$ de pâte. Combien doit-on préparer de pâte pour faire 208 kilog de pain?

128. Avec une pièce de toile de 108 mètres $\frac{5}{8}$ on veut faire des chemises. Combien en aura-t-on, sachant qu'il faut 3 m. 1/6 pour chacune?

129. Combien ferait de tours par journée de 24 heures une roue à laquelle on ferait faire 25 ours par minute?

150. Un homme gagne 3 fr. 75 par jour, et il y a 75 jours de l'année pendant lesquels il ne travaille pas. A combien cet ouvrier doit-il borner sa dépense journalière?

131. Un piéton peut faire 51 kilom. 85 mètres par jour, en marchant 10 heures. Combien ferait-il de kilom. en 7 jours 8 heures 55 minutes?

Une vis de pressoir monte de 5 millimètres $\frac{3}{4}$ à chaque tour. Combien faut-il qu'elle fasse de tours pour monter de $1^m \frac{5}{6}$?

153. Un mur a 7^m784 millimètres de longueur. On veut le couvrir d'une étoffe de $\frac{3}{8}$ mètre de largeur. Combien faudra-t-il de bandes?

154. Un ouvrier compté pouvoir faire un ouvrage en 49 jours $\frac{5}{9}$. Il y a déjà travaillé pendant 31 jours $\frac{5}{4}$. Dans combien de jours de travail aura-t-il terminé cet ouvrage?

155. Une personne a 2500 fr. de revenu annuel. A combien doit-elle borner sa dépense journalière pour en épargner le $\frac{1}{5}$?

156. Un ouvrier a fait en 18 jours 47 mètres d'ouvrage pour lesquels il a reçu 200 fr. en 25 jours 59 mètres pour 250 fr. en 30 jours 61 mètres pour 285 fr. et en 78 jours 154 mètres pour 580 fr. Combien a-t-il de jours de travail, quel est le prix de la journée, et quelle somme a-t-il reçue?

137. Un piéton a parcouru 17 lieues$\frac{3}{5}$en 15 heures $\frac{1}{4}$. Combien a-t-il parcouru en 1 heure, et combien met-il de minutes à faire une lieue?

138. Ecrire en lettres 29 kilog. 04000758.

139. Le port du quintal d'une marchandise est de 6 fr. 75 c. pour 65 myriamètres. Combien paiera-t-on pour 2974 kilog. à 84 myriamètres?

140. Ecrire en chiffres 29 myriagrammes trente sept décag. neuf décig. huit millig., en indiquant le kilog. pour unité?

141. Un ouvrier peut faire en 20 jours 62^{m}125 d'un certain ouvrage, et cet ouvrage a 2857 mè-tres. Combien faudrait-il de jours pour exécuter cet ouvrage si l'on emploie 18 ouvriers?

142. Une personne possède les$\frac{11}{16}$ d'un bois estimé 145000 fr.; elle vend les$\frac{3}{4}$ de sa part au prix de l'estimation. Quelle somme doit-elle recevoir?

143. Quelle est la plus grande des fractions $\frac{2}{3}$ $\frac{6}{7}$ $\frac{8}{4}$ $\frac{13}{16}$

144. Un loueur de voiture peut nourrir ses 25 chevaux pendant 8 mois avec une certaine provision de foin en donnant à chaque cheval 8 kilog. par jour; mais il achète 8 chevaux, et il voudrait que sa provision durât 6 mois. Quelle devra être la nouvelle ration?

145. Sachant que la hauteur barométrique diminue d'un millimètre chaque fois qu'on s'élève de 10$_m$466. A quelle hauteur se trouve un ballon

dans lequel le baromètre marque 475 millim. La hauteur du baromètre au niveau de la mer étant 0^{m}76 (cette loi n'est vraie que pour de petites hauteurs).

146. Le bateau à vapeur en pleine mer fait environ 5 mètres 1/2 par seconde, quelle est la distance du Havre à New-Yorck, sachant qu'il est 11 jours à faire le trajet ?

147. La longueur des pas des soldats de la ligne est de 0,^{m}66, et au pas ordinaire, ils font 78 pas par minute, et au pas de charge ils font 154 pas par minute. Combien de temps mettraient-ils dans ces deux cas, c'est-à-dire au pas ordinaire et au pas de charge pour parcourir 10 kilom. 8 hect. ?

148. La somme de deux nombres est 48 et le premier est le $\frac{1}{3}$ du deuxième. Trouver ces deux nombres ?

149. Partager 500 f. entre deux personnes, de manière que la part de la 1re soit la moitié de celle de la 2e, plus 50 francs.

150. Il entre dans un kilog. de poudre de guerre 75 décag. de salpêtre, 135 grammes de soufre et 115 grammes de charbon. Combien de chacune de ces matières doit-on prendre pour faire 1500 kilog. de poudre ?

151. Un ouvrier devait travailler à un ouvrage $\frac{3}{4}$ de jours. Il y a déjà travaillé pendant $\frac{5}{9}$. Quelle partie de son temps lui reste-il encore à faire ?

152. Un ouvrier a travaillé pendant 4 jours

$\dfrac{1}{4}$ dans une 1re semaine, 5 jours $\dfrac{2}{3}$, dans une 2e,

4 jours $\dfrac{3}{8}$ dans une 3e, et 3 jours $\dfrac{2}{5}$ dans une 4e. Combien lui doit-on si ses journées lui sont payées à raison de 5 f. 75 c. ?

153. Convertir 714 myriag. 718057 en décagrammes.

154. Un boucher achète sur un marché 29 bœufs à 185 f. , 3 vaches à 108 f., 14 veaux à 94 f. 50 c., et 38 moutons à 37 f. 75. Il donne 6400 f. Combien redoit-il?

155. Un orfèvre veut acheter pour 17858 d'or pur qui vaut 3444 f.444 le kilog. Combien aura-t-il de kilog. à moins d'un centig. près?

156. Il faut 2 mètres $\dfrac{2}{3}$ d'un drap pour faire un habit, 1 mètre $\dfrac{4}{5}$ pour un pantalon, et $\dfrac{5}{6}$ mètre pour un gilet. Combien doit-on acheter de ce drap pour l'habillement complet ?

157. On a 8578 kilog. de marchandise à transporter. On veut les répartir également sur 10 voitures. Quelle sera la charge de chaque voiture ?

158. Quel est le nombre qui, ayant été divisé par 84, donne pour quotient 57 ?

159. Par quel nombre faut-il diviser 2304 pour trouver au quotient 96 ?

160. Le kilog de café vaut 3 f. 45. Quelle somme doit-on payer pour 27 kilog.58 grammes ?

161. Je voudrais acheter du ruban pour 96 f.

Le mètre coûte 1 f. 25. Combien aurai-je de mètres ?

162. Un degré du thermomètre Réaumur vaut 1,^{d} 25 c. du thermomètre centigrade. Combien 26 degrés $\dfrac{2}{3}$ Réaumur, valent-ils de degrés centigrades ?

163. Pour 72 f. on a eu 25 l. 15 c. d'eau-de-vie. Quel est le prix du litre ?

164. J'ai fait construire un mur pour lequel j'ai dépensé 1095 francs. Il est entré 27 mètres de moellons à 9 f. 75 le mètre, 12 mètres de plâtre à 15 f. 25 c. et j'ai employé 8 ouvriers pendant 15 jours. Combien chaque ouvrier gagnait-il par jour

165. Un distillateur achète deux barriques d'eau-de-vie de même qualité, l'une coûte 500f. et l'autre qui renferme 75 litres de moins que la première. coûte 380 f. 25 c. Combien chaque barrique contient-elle de litres?

166. Les $\dfrac{3}{7}$ et le $\dfrac{1}{5}$ d'un nombre forment 102. Quel est ce nombre ?

167. Une fontaine peut remplir un bassin en 6 heures ; une autre en 5 heures. En combien d'heures le bassin sera-il rempli, les deux fontaines coulant ensemble ?

168. Partager 108f. entre 3 ouvriers, sachant que le premier a le double du 2e , et que celui-ci a le triple du 3e.

169. Le tronc d'un arbre est les $\dfrac{3}{5}$ de sa hauteur; de la première branche à la deuxième

le $\dfrac{1}{6}$ de la hauteur, et de la seconde branche au sommet il y a 4,^{m}35. Quelle est la hauteur de l'arbre ?

170. Quelle est la plus grande des deux fractions $\dfrac{7}{11}$ et $\dfrac{9}{14}$?

171. Une pièce de drap contient $14^m \dfrac{5}{7}$. On en vend $6^m \dfrac{8}{9}$. Quelle est la longueur de la partie restante ?

172. Une diligence parcourt 2 lieues $\dfrac{3}{4}$ par heure. Quel chemin parcourra-t-elle en 36 h. $\dfrac{4}{5}$?

173. Un tisserand fait 19 m. de toile en 11 h. Combien fera-t-il de mètres en 36 heures $\dfrac{5}{9}$?

174. On fait un mélange de 8 litres de vin et de 11 litres d'eau. Combien y a-t-il de vin dans $\dfrac{2}{5}$ litre de ce mélange ?

175. Une diligence a parcouru une route en 3 jours. Le 1er jour elle a parcouru les $\dfrac{4}{15}$ de la route, le 2me jour les $\dfrac{4}{9}$, et le troisième jour, pour arriver au terme de son voyage, elle a parcouru 51 lieues. Quelle est la longueur de la route et le trajet parcouru chacun des deux premiers jours ?

176. Les $\dfrac{4}{15}$ d'un terrain ont coûté 1900 fr. Quel est le prix de la totalité du terrain?

177. Par quel nombre faut-il multiplier $8 + \dfrac{2}{3}$ pour obtenir $158 + \dfrac{3}{7}$?

178. Pour 18 fr. 45 on a $7^m \dfrac{5}{6}$ de toile. Quel est le prix du mètre?

179. Un omnibus met 1 h. 3/4 pour faire un tour. A quelle heure doit-il partir pour avoir fait 9 tours à 11 heures 1/2 du soir?

180. On veut remplacer le papier qui tapisse les murs d'un salon. Combien faut-il de lés de papier neuf qui a $\dfrac{2}{3}$ mèt. de largeur pour remplacer les 63 lés qui couvrent les murs de ce salon? lesquels ont seulement $\dfrac{3}{7}$ mètre de largeur.

181. Une modiste achète une pièce de toile de $91,^m 78$. Avec cette pièce elle fait des chemises pour lesquelles elle paye 2 f. 45 de façon. Combien doit-elle vendre la chemise pour gagner sur le tout 65 f. Sachant que le mètre coûte 2 f. 75 et qu'il faut pour chaque chemise $3,^m 15$ c.

182. Un commerçant expédie par le chemin de fer 187278 kilog. de marchandise pour lesquelles il paye 3 f. 45 c. du quintal. Quelle somme doit-il verser?

183. Les $\dfrac{4}{9}$ des $\dfrac{11}{15}$ d'un nombre donnent 485100. Quel est ce nombre?

184. Quatre personnes ont à se partager 115878 f. La première doit avoir 27580 f. La 2ᵉ 15820 f., la troisième 1800 f. de plus que la première. Quelle est la part de la quatrième?

185. Un marchand a acheté 1785 stères de bois à brûler, dont 785 à 9 f. 45 c., et le reste à 12 f. 25. Il a payé par stère pour le transport 3 f. 15 et 1 f. 15 c. pour le mesurage. Quels sont ses déboursés?

186. Un fermier conduit au marché 14 sacs de blé contenant chacun 10 décal. 8 litres; et 18 sacs d'avoine de chacun 12 décal. 5 litres. Il vend le blé 23 f. 45 l'hectolitre, et l'avoine à raison de 9 f. Combien doit-il recevoir?

187. On a donné 47 mètres de drap à 19 f. le mètre en échange de 435 mètres de toile. Quel est le prix du mètre de toile?

188. Un faïencier a acheté 14 douzaines d'assiettes à 2 f. 40 c. la douzaine, 50 plats à ,35 c. 25 douzaines de verres à 1 f. 80, et 2588 bouteilles à 13 f. 45 le cent; mais on a cassé 15 assiettes, 7 verres, 1 plat et 9 bouteilles. Quel sera le bénéfice total si l'on vend les assiettes 30 c., les plats 40 c., les verres 25 c. et les bouteilles 24 c.?

189. Un marchand de vin a acheté 68 pièces de vin contenant chacune 228 litres. Il a payé de transport par pièce 7 f. 50, d'achat 108 f. et d'entrée 47 f. 25 c. Combien gagnera-t-il s'il vend le litre 1 f. 25?

190. Les $\frac{5}{7}$ d'un nombre forment 45. Quel est ce nombre?

191. Un limonadier prête à un de ses confrères

une pièce d'eau-de-vie de 375 litres à 147 franc l'hectolitre. Celui-ci ayant vendu l'eau-de-vi-lui en rend une pièce de 380 litres à 130 francs l'hectolitre. Combien doit-il ajouter en argent?

192. Un épicier reçoit 8 caisses de café contenant chacune 95 kilog.. A combien revient le kilog. sachant qu'il a payé le tout 1450 f.?

193. Un débitant achète 8 pièces de vin contenant chacune 240 litres, à raison de 115 f. la pièce. Il paye de transport pour ces 8 pièces 35 f. 55 c., et les droits joints aux faux frais s'élèveront à 240 f. Combien faut-il qu'il vende le litre pour gagner 480 f. ?

194. Une personne qui devait 1450 fr. a donné en paiement 28 mètres de drap à 15 fr. 108 mètres d'étoffe à 5 fr. 80 c., 215 mètres de calicot à 0 fr. 75. Combien redoit-elle?

195. Un batteur en grange a produit 48 hectol. $\frac{1}{5}$ en 35 jours $\frac{3}{4}$. On doit lui payer à raison de 2 f. 80 l'hectolitre. Combien lui doit-on, et combien a-t-il gagné par jour?

196. Un tisserand met 1 heure $\frac{4}{5}$ à faire un mètre de toile. Il veut en faire 6 mètres $\frac{3}{4}$ dans sa journée. A quelle heure finira-t-il s'il commence à 5 heures 1/2 du matin? Il prend une $\frac{1}{2}$ heure pour son premier déjeûner et $\frac{3}{4}$ d'heure pour le second?

197. Un marchand de chevaux a payé 18485 f. pour 37 chevaux. Il les a nourris pendant 27

jours, et ses frais montaient à 58 f. par jour. Enfin il les vend 775 f. Quel est son gain?

198. Avec une certaine quantité de farine on a pu donner pendant 15 jours 5 kilog. de pain à 9 personnes. Pendant combien de jours pourrait-on donner 3 kilog. à 8 personnes avec la même quantité de farine?

199. Une famille dépensait 48 f. en 11 jours. Combien dureront 75 f. si cette famille ne dépense plus que 16 f. en 5 jours?

200. Un marchand a dans son magasin 4 pièces de drap. L'une contient $72^m \frac{3}{4}$, une autre $64^m \frac{2}{3}$, la 3e $60^m \frac{4}{5}$, et la 4e $55^m \frac{1}{4}$. Combien ce marchand possède-t-il de mètres de drap?

201. Une personne est entrée pour les $\frac{5}{9}$ dans l'achat d'un terrain qui a coûté 25650f. Elle vend les $\frac{3}{4}$ de sa part à prix coûtant, et plus tard elle cède le reste pour 3450 f. Aura-t-elle gagné ou perdu? et quelle somme?

202. A l'occasion d'une fête publique on donne à chaque pauvre 2 kilog. $\frac{1}{4}$ de pain; mais chaque enfant n'aura droit qu'aux $\frac{2}{3}$ d'une part. Il se trouve dans la ville 1280 pauvres, hommes et femmes, et 1880 enfants. Combien faut-il préparer de kilog. de pain?

203. Des ouvriers ont fait 75^m, 85 d'un ou-

vrage en 8 jours. Il reste les $\dfrac{2}{3}$ des $\dfrac{3}{8}$ de l'ou-
age. Dans combien de jours ces mêmes ou-
vriers auront-ils terminé?

204. Cinq héritiers se sont partagé une succession : le premier a eu pour sa part 16820 f.,
le 2me 1518 f. de moins que le premier, le 3me
7816 f. de moins que les deux premiers ensemble, le 4me autant que le premier et le troisième,
et le 5me autant que les trois derniers. Quelle
est la part de chacun des quatre derniers héri-
ritiers et le montant de la succession?

205. Le titre des monnaies d'or est de 0,9 ou
$\dfrac{9}{10}$ d'or pur et $\dfrac{1}{10}$ de cuivre. Le prix d'un
semblable alliage, dans le commerce, est de
3100 f. le kilog. Quelle est la valeur réelle
d'une pièce d'or de 20 f. qui pèse 6^g 4516?

206. Il entre dans une pièce de 5 francs $\dfrac{9}{10}$
d'argent pur. Un pareil alliage se vend donc $\dfrac{1}{10}$
de moins que l'argent pur, et ce métal vaut 222f.
le kilog. Quelle est la valeur réelle d'une pièce
de 5 f. qui pèse 25 grammes?

207. Le poids spécifique de l'huile d'olives est
0k. 9155. Quel est le poids de 25^h 54 d'huile
d'olives?

208. L'escalier d'une maison doit avoir 15^m95 c.
de hauteur. Combien aura-il de marches, si chacune a d'élévation 0^m125 c.?

209. Un tonneau contenant 148 litres est rem.

pli d'esprit-de-vin. Quel est le poids du liquide contenu dans ce tonneau?

210. Une pièce de vin de 228 litres coûte 55 francs l'hectolitre. Combien faut-il ajouter d'eau pour que l'hectolitrene revienne pl us qu'à 42 f.?

211. Les $\dfrac{3}{4}$ d'un nombre augmenté de 108 égalent 396. Quel est ce nombre?

212. En fondant ensemble 30 kilog. de cuivre et 70 kilog. de zinc on obtient 100 kilog. de laiton. A combien reviennent 100 kilog. de laiton si le cuivre vaut 2 fr. 75 et le zinc 75 centimes?

213. On veut acheter les $\dfrac{5}{8}$ d'un terrain de 34 ares 28 centiares à 3 f., 30 le mètre carré. Quelle somme devra-t-on payer?

214. Additionner les nombres fractionnaires

$$538\dfrac{5}{7} + 49\dfrac{5}{18} + 725\dfrac{3}{5} + 19\dfrac{23}{45} + 134\dfrac{11}{72}$$
$$+ 27\dfrac{7}{9}.$$

215. Deux personnes héritent de 75800 fr. La première a pour sa part les $\dfrac{16}{27}$. Quelle est la part de chaque personne?

216. 200 hectolitres de pommes de terre donnent 2295 kil. de fécule et 4400 kilog. de pulpe. Quelle quantité retirera-t-on de chacune de ces matières de 132 hectolitres de pommes de terre?

217. Une personne achète une propriété 154700 fr.; elle y fait des réparations qui nécessitent une dépense de 7850 fr. Combien doit-elle la revendre pour gagner 9700 fr.

218. Le commis d'une maison reçoit 7 francs quand il vend pour 196 fr. 50 c. de marchandise. A la fin du mois il a reçu 92 fr. 50 c. Pour quelle somme a-t-il vendu?

219. Pour 48 journées d'ouvriers on a payé 112 fr. Si la journée eût été de 75 c. en plus, combien aurait-on payé?

220. On fait fondre ensemble 41 kil. 85 d'étain et 65 k. 75 de cuivre. Quelle est la quantité d'étain et de cuivre dans un kil. de cet alliage?

221. La somme de deux nombres est 256. Leur différence est 48. Quels sont ces deux nombres?

222. Combien paiera-t-on pour les $\dfrac{5}{9}$ d'un terrain contenant 72 ares 59 centiares à raison de 4 fr. 75 c. le mètre carré?

223. Il y a, dans une fabrique, 260 ouvriers tant hommes que femmes ; le maître leur paie par jour 755 fr. Les hommes gagnent 3 fr. 25 et les femmes 2 fr. 50. Combien y a-t-il d'hommes?

224. Trois ouvriers ont reçu une gratification de 450 fr. pour un travail qu'ils ont fait en commun. Le premier y a travaillé 48 jours, le 2me 42 jours et le 3me 30 jours. Combien chacun doit-il recevoir?

225. Un marchand de vin achète 8 pièces de vin de chacune 228 litres à 85 fr. 75 l'hectolitre; il paie de transport 5 fr. 80 c. par pièce, et les droits joints aux faux frais s'élèvent à 168 fr. Combien devra-t-il vendre le litre pour gagner sur le tout 550 fr.?

226. Le quintal d'une certaine marchandise coûte 185 fr. Combien faut-il vendre le décagramme pour gagner 0 fr. 75 par kilog. ?

227. Une personne paie une pièce de vin 145 fr., cette pièce contient 216 litres. Elle revend les $\dfrac{5}{9}$ de cette pièce de manière à gagner 0 fr. 25 par litre. Combien doit-elle recevoir?

228. Une laitière vend le lait 0 fr. 10 c. le décilitre. Corbien retirera-t-elle d'un vase qui contient 1 décal. 6 litres?

229. Un vase rempli d'eau distillée pèse 4 k. 75; vide il pèse 0 k. 785 gr. Combien contient il de litres à moins d'un centilitre près?

230. Un sac contient 850 fr. en pièces de 5 fr. et pèse alors 2 kilog. 16 décag. Quel est le poids du sac vide?

231. Quel est le prix de $12^{\text{me}} \dfrac{5}{7}$ de froment à raison de 29 fr. l'hectolitre?

232. Les $\dfrac{2}{7}$ d'une propriété ont été vendus 7840 fr. Combien coûteraient les $\dfrac{7}{8}$ du reste?

233. Un commerçant donne 175 kilog. de laine à 3 fr. 80 le kilog. en échange de 208 kil. de coton à 2 f. 75. Quelle somme reste-t-il à lui payer?

234. Si l'on multipliait 37 par $\dfrac{3}{5}$, si l'on divisait le produit par $\dfrac{7}{8}$. Quel serait le quotient?

235. Quels sont les $\dfrac{7}{8}$ des $\dfrac{3}{4}$ des $\dfrac{7}{19}$ de 453 $+ \dfrac{7}{9}$

256. Une pièce de drap contient 17ᵐ $\frac{3}{4}$, si on en vendait 4ᵐ 50, quelle fraction de la pièce resterait-il?

237. A combien reviennent $\frac{5}{6}$ mètre de drap quand 7 $+\frac{1}{4}$ coûtent 108 fr. 40 c.

238. Le $\frac{1}{3}$ le $\frac{1}{4}$ et les $\frac{3}{7}$ d'un nombre égalent 85. Quel est ce nombre?

239. Une diligence dont les grandes roues ont 0ᵐ 75 de rayon, et les petites 0ᵐ45 a parcouru 9810 mètres. Combien chaque roue a-t-elle fait de tours sur elle-même dans le parcours de ce trajet?

240. Une pièce de vin coûte 92 fr. 50 et contient 228 litres. On paiera pour droit de débit et autres 21 fr. 50, et on vend le litre 0 fr. 75. Combien gagnera-t-on sur cette pièce si l'on y mélange 45 litres d'eau?

241. Deux fontaines, l'une donnant 5 litres $\frac{3}{4}$ par minute, l'autre 8 litres $\frac{5}{6}$ coulent ensemble dans le même bassin contenant 640 litres. Dans combien de temps le bassin sera-t-il rempli?

242. Une plante croît de 1 millim. $\frac{4}{5}$ par jour. Combien de jours mettra-t elle à croître de 98 millimètres $\frac{7}{8}$?

243. Pendant qu'un cavalier parcourt les

$\frac{11}{12}$ d'une route, un piéton n'en parcourt que les $\frac{3}{16}$. Combien le cavalier va-t-il plus vite que le piéton?

244. Un marchand de drap vend 147 mètres de drap à 14 fr. 75 c. le mètre à un de ses confrères, et celui-ci lui donne en paiement de l'étoffe à 7 fr. 45 le mètre. Combien doit-il livrer de mètres pour s'acquitter envers le marchand de drap?

245. Une lampe brûle 47 g. $\frac{7}{15}$ d'huile par heure, et on la tient allumée pendant 5 heures $\frac{3}{4}$ par soirée. Trouver la dépense au bout de 30 jours? le kilog. d'huile coûtant 1 fr. 35 c,

246. Le roi David avait 1070000 hommes en état de porter les armes. Quelle était la population de son royaume en admettant que les $\frac{5}{29}$ de cette population pouvait porter les armes?

247. Partager 3000 fr. entre trois ouvriers; le 1er a fait les $\frac{5}{12}$ de l'ouvrage, le 2me les $\frac{2}{5}$ et le 3me le reste.

248. Une montre qu'on a oublié de régler est actuellement en retard de 1 h. 45 m. Mais elle avance chaque jour régulièrement de 1 m. 1/3. Au bout de combien de temps marquera-t-elle l'heure exacte?

249. Le prix d'Orléans à Paris est, pour les premières 13 fr. 55, pour les 2mes 10 fr. 15, pour les 3mes 7 fr. 45. On a délivré dans une journée

85 billets de premières, 275 de deuxièmes et 587 de troisièmes. Quelle est la recette du chemin de fer ?

250. Quel est le prix d'un champ de 3^h 7a 48 centiares à 0 f. 65 c. le mètre carré ?

251. Additionner les nombres fractionnaires suivants : $145 \frac{5}{9} + 89 \frac{13}{21} + 249 \frac{19}{42} + 1093 \frac{47}{56} + \frac{23}{24} + 725 \frac{25}{36}$

252. Deux entrepreneurs ont reçu 15000 fr. pour un certain ouvrage. Le premier avait employé 25 ouvriers pendant 32 jours, et le second 22 ouvriers pendant 50 jours.. Combien doivent-ils avoir reçu chacun ?

252. Une personne a acheté 428 mètres de marchandises à 17 fr. 85 le mètre. Elle veut en les revendant réaliser un bénéfice de 600 fr. sur le tout. Les $\frac{5}{7}$ de l'achat ont déjà été vendus 19 fr. 15 le mètre. Quel doit être le prix du mètre de ce qui reste ?

254. Un terrain de 7 ares 25 c. a été vendu 31800. Combien doit-on vendre le mètre carré pour gagner 58 fr. par are ?

255. On a payé 3750 fr. pour les $\frac{5}{7}$ d'un champ. Combien aurait-on payé pour les $\frac{7}{9}$?

256. Le $\frac{1}{3}$ les $\frac{5}{7}$ et les $\frac{7}{8}$ d'un nombre forment 27450. Quel est ce nombre ?

257. On veut dépenser 2458784 f. pour d'égales quantités de bois et de terres cultivées. L'hectare

en bois vaut 5850 fr. et en terres cultivées 6785 f. Combien d'hectares aura-t-on de l'une et de l'autre espèce?

258. Un chemin de fer prend pour transport des charbons 0 fr. 096 par tonne métrique et par kilomètre. On paye, en outre, un droit fixe de 2 fr. 12 c. par wagon, contenant 3240 hectolitres. A combien reviendront 28775 hectol. 65 litres achetés au prix de 3 fr. 45 l'hect., et transportés par le chemin de fer à 18 myriam. 67? La tonne est de 1000 kilog. L'hectolitre de charbon pèse 82 k. 75?

259. Dans une pension il y a un certain nombre d'élèves. Chaque jour on donne à chacun $\frac{1}{3}$ de pommes, combien y a-t-il d'élèves, sachant que l'on donne 85 pommes $\frac{2}{3}$, et au bout de 30 jours à combien s'élèvera la dépense si chaque pomme est estimée 0 fr. 025?

260. Trois bergers ont loué un pâturage 215 f. Le 1er y a laissé paître 200 moutons pendant 24 jours. Le 2me 450 pendant 15 jours et le 3me 540 pendant 18 jours. Quelle portion du loyer doit payer chaque berger à raison du temps et du nombre de ses moutons?

261. 0m56 d'étoffe ayant coûté 1 fr. 75. Quelle somme faudra-t-il payer pour l'achat de 83m 72?

262. Une personne ferait une broderie en 15 jours, une autre la ferait en 12 jours. Elles se réunissent pour travailler à la même broderie. En combien de jours l'auront-elles achevée?

263. Le 100 d'images coûte 15 francs. Que

sera-t-il payé pour 58 feuilles de chacune 12 images?

264. Pour faire un mantelet il faut 6ᵐ 75ᶜ d'étoffe de $\frac{3}{4}$ large. On veut doubler ce mantelet et on emploie de l'étoffe de $\frac{2}{3}$ de large. Combien faudra-t-il de mètres de doublure?

276. Une maison ayant 76 élèves a dépensé 5180 fr. 25 en 48 jours. Quelle sera la dépense de 72 jours si l'on reçoit 25 pensionnaires de plus?

265. Un commerçant a payé 187 mètres d'étoffe 1095 fr. 25. Il vend 7 mètres de cette étoffe et gagne 9 fr. Combien gagnera-t-il sur le tout, si son bénéfice se maintient au même taux.

DEUXIÈME SÉRIE.

267. Une somme de 2950 fr. 75 doit être payée dans un an. Combien doit-on payer aujourd'hui, l'escompte étant à 6 p. 0/0?

267. Quelle est la somme qui, placée à intérêts composés et à 6 p. 0/0 a produit 15870 en 5 ans, capital et intérêts compris.

268. Un marchand de vin veut faire un mélange de 500 litres et vendre le litre du mélange 75 c. Combien doit-il mettre de litres de vin à 90 c. et de litres à 70 c. pour faire ce mélange?

269. Quelle somme doit-on placer à 5 p. 0/0 et à intérêts composés pour avoir 48575 fr. 75 au bout de 8 ans?

Un commerçant porte à l'escompte un billet

de 980 fr. à 75 jours d'échéance pour lequel on lui a retenu 45 fr. 25. A quel taux a-t-il été escompté?

270. Quatre associés ont fait un bénéfice de 12000 fr. qu'ils doivent se partager à proportion de leurs mises, et du temps qu'elles sont restées dans l'association. Le 1er a mis 7500 fr. pendant 21 mois, le 2me 6400 fr. pendant 20 mois, le 3me 6000 fr. pendant 18 mois, et le 4me 9500 pendant un an. Quelle est la part de chaque associé?

271. Avec du vin à 90 c. le litre, à 70 c. et à 65 c. on veut faire un mélange de 1850 litres, et vendra le litre du mélange 75 c. Quelle quantité faut-il prendre de chaque sorte pour faire ce mélange?

272 Un train de grande vitesse part de Paris à 5 heures du soir et arrivera demain à 9 heures du soir à Marseille. Quel jour et à quelle heure arrivera une diligence partie de Paris au même temps, mais qui n'aura parcouru que les $\dfrac{4}{15}$ de la route au moment de l'arrivée de la locomotive. La distance est de 200 lieues?

273. J'ai acheté du 4 1/2 p. 0/0 au cours de 94 fr.; combien dois-je acheter du 3 p. 0/0 pour que mon argent se trouve placé au même taux?

274. On a placé à 5 $\dfrac{3}{4}$ p. 0/0 un capital qui rapporte 2850 fr. Quel est ce capital?

275. Une personne veut se faire un revenu de 1900 fr. en achetant du 3 p. 0/0 au cours de 61 f. Quelle somme doit-elle débourser?

276. Quelle quantité d'eau faut-il ajouter au

mélange de 245 litres de vin à 80 c. et 315 litres à 60 c. pour pouvoir vendre le litre du mélange 50 c.?

277. Une caisse de café de 410 kilog. que l'on vend 2 fr. 45 le kilog. est composée de café à 2 f. 55 et de café à 2 fr. 30 c. Combien y a-t-il de kilog. de chaque qualité?

278. Quatre ouvriers ont entrepris un ouvrage pour lequel ils ont reçu 495 fr. 25. Un de ces ouvriers y a travaillé 18 jours; un autre y a travaillé 25 jours, un 3me 30 jours, et le 4me a terminé l'ouvrage en 12 jours. Combien doit recevoir chaque ouvrier?

279. Trois troupes d'ouvriers ont fait ensemble un ouvrage de 1928m 72. Les troupes sont composées de 18, de 25 et de 35 ouvriers. Combien revient-il à chaque troupe si le mètre leur est payé 4 fr. 35.

280. On doit payer 18500 fr. dans un an. Combien faut-il payer à l'instant, l'escompte étant à 2/3 pr 0/0 par mois.

281. Quelqu'un achète de la rente 4 1/2 p. 0/0 à 78 fr. 50 pour une somme de 58700 fr. 80. De combien sera son revenu annuel?

281. Le capital 58720 fr. rapporte par an 3576 fr. 40. A quel taux est-il placé?

282. Une personne achète du 4 1/2 p. 0/0 à 92 fr. 25. 70 jours plus tard elle le revend 95 fr. A quel taux son argent était-il placé?

283. De quatre ouvriers qui travaillent au même ouvrage, le plus habile en fait 11 mètres en 3 jours, un autre 9 mètres en 4 jours, un 3me 8 mètres en 5 jours, et le moins habile 4 mètres en

3 jours. L'ouvrage terminé ils recevront 1080 fr. Quelle est la part de chacun?

284. Une personne lègue le $\frac{1}{5}$ de ses biens aux hospices, le $\frac{1}{15}$ à des messes pour le repos de son âme, et elle veut que les $\frac{14}{65}$ soient employés à donner de l'instruction à de pauvres orphelins. Ces legs retranchés, il reste aux héritiers 44625 fr. Combien le testament leur fait-il perdre?

285. Pour une somme de 134800 une personne s'est fait un revenu de 6740 fr. en achetant du 4 1/1 p. 0/0. Combien a-t-elle payé cette espèce de rente?

286. Une personne prête 7450 f. à 5 1/4 p. 0/0. Lorsqu'on lui rend cette somme, on lui paye 560 francs pour les intérêts. Combien de temps ce capital est-il resté placé?

287. Il reste à un marchand de vin 90 litres de vin à 75 c. Il veut faire entrer ces 90 litres dans un mélange de 400 litres avec du vin à 60 c. à 45 et à 35. Quelle quantité doit il prendre de ces trois dernières qualités pour composer ce mélange et vendre le litre 50 c.

288. Quel est le capital qui, placé à intérêts composés 5 p. 0/0 est devenu 8000 fr. en 4 ans 8 mois et 25 jours?

289. Un mourant ordonne par son testament que ses trois frères se partagent son héritage selon leur nombre d'enfants, l'aîné en a 3, le deuxième 5, et le troisième 6. La succession s'é-

lève à 122066 fr. Quelles sont les parts des trois frères?

290. Le capital 28580 f. placé à 6 1/4 p. o/o a produit 1950, 25 d'intérêts. Pendant combien de temps est-il resté placé à intérêt simple?

291. Un commerçant porte à l'escompte un billet de 4800 f. à 72 jours d'échéance. Combien doit-il recevoir si on lui retient 7 1/2 p. o/o d'escompte?

292. Combien doit-on payer comptant pour solder une facture de 9450 f. à 15 mois de terme, l'escompte étant à 1/4 p. o/o par mois?

293. Un commerçant gagne 12 p. o/o dans son commerce, et les fonds qu'il emploie cette année s'élèvent à 37850 f. Quelle somme gagnera-il cette année?

294. Neuf actionnaires ont à se partager un dividende de 27800 f. d'après le nombre de leurs actions. Le 1er en a 25, le 2me 22, le 3me 16, le 4me 15, le 5me 11, le 6me 9, le 7me 8, le 8me 4 et le 9me 1. Combien chaque actionnaire doit-il recevoir?

295. 16 ouvriers ont fait en 18 jours en travaillant 11 heures par jour, 2850 mètres d'ouvrage. Combien ces mêmes ouvriers devront-ils travailler d'heures par jour pour faire encore 3500 mètres de même ouvrage en 20 jours?

296. Des ouvriers ont fait 57^{m} $\frac{2}{3}$ d'un ouvrage en 15 jours. Il reste alors à faire là $\frac{1}{2}$ des $\frac{3}{4}$ de l'ouvrage. Dans combien de jours ces ouvriers auront-ils terminé?

297. Que devra-t-on recevoir, capital et inté-

rêts composés compris, pour une somme de 600 f. qui est restée placée à 4 p. o/o pendant 6 ans 7 mois 25 jours?

298. Une somme de 1860 f. doit être partagée entre quatre personnes, de manière que la 2me ait les $\dfrac{2}{3}$ de ce qu'aura la 1re moins 25 fr., la 3me autant que la 2me moins 50 f. Quelle est la part de chaque personne?

299. Une cuve pleine de vin a été vidée en $\dfrac{3}{4}$ d'heure au moyen d'un robinet qui donnait 8 litres par 5 secondes. Combien aurait-il fallu de temps si l'on eût employé un robinet qui donnât 11 litres en 4 secondes?

300. Un marchand d'avoine est obligé de perdre 8 p. o/o sur de la marchandise avariée. Combien vendra-t-il ce qui lui a coûté 18570 f.?

301. Avec 5 mètres $\dfrac{5}{6}$ d'un drap de $\dfrac{5}{4}$ de large, un tailleur a fait un habillement. Combien lui faudrait-il de mètres d'un drap de $\dfrac{3}{5}$ de large pour faire un habillement semblable au premier?

302. Deux hommes ont à parcourir une distance de 96 lieues $\dfrac{2}{5}$ et vont à la rencontre l'un de l'autre. L'un est à cheval et fait 5 lieues en 2 heures, l'autre à pied fait 8 lieues en 7 heures. A quel point de la route se rencontreront-ils, et combien chacun aura-t-il fait de lieues?

303. Sachant que la pièce de 5 francs pèse

au plus 25^g·075, et au moins 24^g·925. On veut vérifier, en pesant une somme de 3450880 fr., entièrement composée de pièces de 5 f. Combien de kilog. doit-on trouver ?

304. Le premier terme d'une proportion est 4850, le 4me 2900 : les deux autres sont égaux. Trouver ces deux termes ?

305. Sur un billet de 2500 f. escompté à 7 1/2 p. 0/0, on a reçu 2445 f. A quel terme est l'échéance ?

306. Quelqu'un a dépensé 3800 f. pour 87^m·75 cent. d'ouvrage. On veut dépenser encore 5870 fr. pour un autre ouvrage ; mais 8 mètres de celui-ci coûteront autant que 15 mètres du premier. Combien aura-t-on de mètres ?

307. Une somme de 8500 f. placée à 5 1/2 p. 0/0 ne doit être remboursée que dans 5 ans, et l'on ne paiera les intérêts simples qu'au moment du remboursement. Quelle somme devra recevoir le créancier ?

308. Un marchand fait chaque année un bénéfice net de 16 p. 0/0 qu'il capitalise. De combien se trouvera augmentée sa fortune au bout de 12 ans ? Elle était de 45800 f. au commencement de la première année.

309. Un distillateur reçoit de Bordeaux une barrique d'eau-de-vie contenant 528 litres. Il la paie 1165 f. Il avait donné l'ordre de la composer d'eau-de-vie à 2 f. 50 c. le litre, et d'eau-de-vie à 1 f. 80 c. Combien le marchand de Bordeaux a-t-il dû mettre de litres à 2 f. 50 ?

310. Un commerçant fait escompter à 5 1/2 p. 0/0 un billet de 2800 f. qui ne sera payable que dans 75 jours. Combien doit-il recevoir ?

311. Une personne voudrait se faire un revenu annuel de 2450 f. Quelle somme doit-elle placer à 4 1/2 p. o/o?

312. Trois personnes charitables se réunissent pour secourir une pauvre famille. La 1ʳᵉ donne le double de ce que donne la 2ᵐᵉ, et la 3ᵐᵉ autant que les deux autres ensemble. Cette famille reçoit 290 f. 50 c. Quel est le don de chaque personne?

313. Un commerçant fait escompter un effet de 7580 f. à 46 jours et à $\frac{1}{3}$ p. o/o par mois. Quelle est la somme qu'il doit recevoir?

314. Il faudrait 1 m· 58 c. de drap de $\frac{5}{6}$ de largeur pour faire un vêtement; mais on veut le faire en drap de $\frac{4}{5}$ de large. Combien faudra-t-il de mètres de ce drap?

315. Un commerçant a acheté des marchandises à 48 f. 75 le quintal; sept mois après il les vend 64 f. 25. A quel taux a-t-il placé son argent?

316. Un courrier part de Paris pour Lyon demain à 4 heures du matin, et fait 1 lieue $\frac{7}{8}$ par heure. Un autre courrier part aussi de Paris pour la même destination; mais il fait 2 lieues $\frac{1}{3}$ par heure. A quelle heure doit partir ce dernier pour arriver en même temps que l'autre? La distance entre ces deux villes étant de 100 lieues.

317. Quatre personnes ont à se partager une succession. La 1re en a le $\frac{4}{5}$, la 2me les $\frac{6}{25}$, la 3me le $\frac{1}{3}$. La 4me a pour sa part 39666 francs $\frac{2}{3}$. Quelle sera la part des trois autres ?

318. A quel taux faut-il acheter du 3 p. 0/0 pour placer son argent 7 f. 25 p. o/o?

319. Le capital 15800 f. placé à 5 $\frac{5}{4}$ p. 0/0 a produit 1195 f. d'intérêt. Pendant combien de temps l'emprunteur l'a-t-il gardé ?

320. Uncapital placé à 7 p. o/o pendant 9 ans 7 mois a produit 15000 fr. capital et intérêts composés compris. Quel est ce capital ?

321. Une personne reçoit 4770 fr. pour un capital de 85000 f. placé partie à 4 1/2 et partie à 5 3/4. Quelle est la somme placée à chaque taux ?

322. Une maison rapporte 3920 f. de loyer. Combien faut-il la payer pour placer son argent à 6 1/2 p. o/o ?

323. On a acheté 543^m. 80 de drap à 15 f. 75 le mètre. On veut gagner 22 p. 0/0. Combien peut-on vendre le mètre de drap ?

324. Un commerçant a acheté des marchandises à 57 f. le quintal. Un an après il les revend à 48 f. A quel taux a-t-il placé son argent ?

325 On a acheté une certaine marchandise à 2 f. 25 le kilog.; on la vend 2 f. 70. Combien gagne-t-on p. 0/0?

326. Avec 188 ^{m}. de drap de $\frac{7}{8}$ de large on

a fait 98 habits. Combien faudrait-il de mètres de drap de $\dfrac{5}{6}$ de large pour faire 128 habits semblables aux premiers ?

327. Quelqu'un a acheté du 4 p. o/o à 78 fr. A quel taux a-t-il placé son argent?

328. Deux courriers partent en même temps de Paris et de Marseille et vont à la rencontre l'un de l'autre. Le courrier parti de Paris fait 2 lieues $\dfrac{3}{4}$ par heure, et celui de Marseille deux lieues $\dfrac{1}{3}$. A quelle distance de Paris se rencontreront-ils? La distance de ces deux villes étant de 200 lieues.

329. Comment doit-on faire un alliage de 6 quintaux, qui coûte 4 f. le kilog. et qui soit composé de cuivre à 3 f. le kilog. et d'étain à 5 f. 50?

330. Trois associés ont à se partager un bénéfice de 18500 fr. Un d'eux a 12000 f. dans le fonds social depuis un an; un autre a versé 9500 f. depuis 9 mois; et le troisième 10000 fr. depuis 6 mois. Combien chacun doit-il recevoir?

331. Un commerçant fait chaque année un bénéfice net de 12 p. o/o qu'il capitalise. De combien sera augmentée sa fortune au bout de 15 ans? Elle était de 85000 f. quand il a commencé.

332. Quel est à $\dfrac{3}{4}$ p. o/o par mois, l'escompte d'un billet de 350 f. qui a encore 48 jours à courir?

333. J'ai acheté 1850 f. de rentes 3 p. o/o au

cours de 64 f. A quel cours dois-je les revendre pour gagner 1800 f.?

534. Deux maçons ont été 58 jours travaillant 12 heures par jour pour construire un mur. Combien leur aurait-il fallu de jours s'ils n'eussent travaillé que 9 heures par jour?

535. Pour acquitter une dette, on offre de payer au bout de 8 ans 45800 f., les intérêts composés à 10 p. o/o, compris, ou de payer 15 p. o/o d'intérêts simples, plus le capital à la même époque. Quel mode doit préférer le créancier ; et combien gagnera-t-il en acceptant le plus avantageux?

536. 45 ouvriers en 18 jours travaillant 10 heures par jour ont fait 1950 mètres d'ouvrage. Combien seront de jours 32 ouvriers aussi habiles que les premiers, travaillant 12 heures par jour, pour faire 2700 mètres de même ouvrage?

537. Une somme de 10800 f. placée à 4 3/4 p. o/o a produit 960 f. d'intérêts composés. Pendant combien de temps cette somme est-elle restée à intérêts ?

538. 14 ouvriers travaillant 11 heures par jour ont fait 4380 mètres d'ouvrage, en 67 jours. Combien 18 ouvriers aussi habiles que les premiers devront-ils travailler d'heures par jour pour faire 8580 mètres de même ouvrage en 115 jours?

539. Quelqu'un porte à l'escompte un billet de 2900 f. pour lequel il reçoit 2795 f. A quelle échéance est-il? L'escompte étant à 7 1/2 p. o/o.

540. Quelqu'un prête à intérêts composés 7 p. o/o 21800 f. pendant 14 ans et 8 mois. Quelle

somme devra-t-on lui rembourser au bout de ce temps?

341. Une personne se fait un revenu annuel de 4212 f. 50 c. avec un capital de 80000 fr. partie placée à 5 3/4 p. 0/0 et partie à 4 1/2. Quelle est la somme placée à chaque taux?

342. Il reste à un marchand de vin 108 litres de vin à 80 c. qu'il veut faire entrer dans un mélange de 800 litres fait avec du vin à 60 c., à 45 et à 40 c. Quelle quantité doit-il prendre de chacune de ces trois dernières sortes s'il veut vendre le litre du mélange 50 c.?

343. Un épicier fait un mélange de 57 kilog. de café à 3 f. 25, 75 kilog. à 3 f. 80, et 178 kilog. à 4 f. Quel prix peut-il vendre le kilog. du mélange?

344. Une personne a reçu 25800 f. pour le capital et les intérêts composés d'une certaine somme placée à 5 3/4 p. 0/0 pendant 8 ans et 9 mois. Quelle est cette somme?

345. Pendant combien de temps a été placée une somme de 18000 fr. à 4 1/2 p. 0/0 pour rapporter 1300 f. 25 d'intérêts simples?

346. On fait un mélange de trois qualités de vin : 75 litres à 42 f. l'hectolitre, 88 litres à 49 f. l'hectol. et 120 litres à 52 f. l'hectol. On vend le litre du mélange 60 c. Combien gagnera-t-on?

347. Un commerçant ayant fait faillite laisse, après la liquidation, une somme de 180000 fr. Il doit au 1er créancier 50000 f., au 2me 70000 f., au 3me 30000 f., à un 4me 40000 f. et à un 5me 5500 fr. Combien reviendra-t-il à chacun d'eux ?

348. Un homme laisse en mourant une fortune de 136500 f. Il ordonne par testament que sa veuve ait le double de chacune de ses quatre filles, et que chaque fille ait le triple de chacun

ses trois garçons, Quelle est la part de chaque héritier?

349. Quel est l'intérêt de 857 f. 45 pendant 5 mois et 6 p. 0/0 l'an?

350. Deux troupes de terrassiers ont commencé un fossé par les deux bouts et sont arrivées en même temps au milieu; elles formaient ensemble 84 hommes. Chaque ouvrier de l'une faisait 4 mètres courants dans un jour, et chaque ouvrier de l'autre en faisait 3 mètres. De combien d'hommes était composée chaque troupe?

352. Une personne a placé 48000 dans une maison de commerce; son argent lui rapporte 7 p. 0/0. Elle veut retirer ses fonds au bout de 15 ans, et elle n'a touché pendant ce temps aucun intérêt. Combien lui doit-on rembourser?

352. Une personne a besoin de 550 f. pour 8 mois. Elle propose de faire un billet et d'y ajouter l'escompte à 6 p. 0/0. Quelle somme doit porter le billet?

353. Il reste à un marchand 15 kilog. de café à 6 f. Combien de kilog. de café à 4 fr. 50 et à 3 f. 80 doit-il ajouter pour faire 150 kilog. de café à 4 f. 25?

354. De deux fontaines qui coulent dans le même bassin, l'une le remplit en 5 heures et l'autre en 8 heures. Il y a un robinet qui le vide en sept heures. Combien d'heures seront nécessaires pour remplir ce bassin si on laisse couler en même temps toutes les ouvertures?

355. Une somme prêtée pendant 6 ans et 7 mois a rapporté en tout 8950 f. d'intérêts simples. Quelle est cette somme?

356. Un commerçant porte à l'escompte un

billet de 580 f. à 28 jours d'échéance. On lui retient 6 p. 0/0 d'escompte. Combien doit-il recevoir?

357. Combien doit-on recevoir, capital et intérêts composés compris, pour une somme de 10800 f. qui est restée pendant 5 ans 7 mois?

358. Quelqu'un a payé 35 f.80 pour l'escompte d'un billet de 4500 f. payable dans 68 jours. A quel taux a-t-il été escompté?

359. Un marchand veut mélanger des cafés à 3 f 80, à 3 f. 25, à 3 f. 10, à 2 f. 90 et à 2 f. 65 le kilog., et vendre le kilog. du mélange 3 f. Combien doit-il prendre de kilog. de chaque qualité pour faire un mélange de 360 kilog.?

360. Trois associés ont un bénéfice de 18810 f. à se partager. Le premier doit avoir les $\frac{3}{4}$ du second, et le troisième les $\frac{3}{7}$ de la part des deux premiers. Combien chacun doit-il recevoir?

361. Une personne avait droit aux $\frac{2}{5}$ d'une part dans le bénéfice d'une société; elle a reçu $\frac{15}{51}$ de ce bénéfice. Quelle partie forme la part entière?

362. Quelqu'un emprunte 760 f. et fait un billet de 810 f., l'escompte étant à 6 1/2 p. 0/0. Pour quelle échéance doit-elle souscrire ce billet?

363. Deux attelages travaillant 11 heures par jour ont labouré une pièce de terre en 6 jours. Combien de jours 5 attelages pareils aux premiers

et travaillant 5 heures par jour, mettront-ils de jours pour labourer la même pièce de terre?

364. Un homme donne par testament le $\frac{1}{3}$ de sa fortune à son frère, le $\frac{1}{4}$ à un de ses neveux, les $\frac{2}{5}$ à sa nièce, et le $\frac{1}{6}$ à un neveu absent. Les trois premiers prennent leurs parts; mais le quatrième, lorsqu'il se présenta pour toucher son héritage, trouva qu'il lui manquait 2640 f. Alors les héritiers consentirent à faire un nouveau partage selon le calcul des quotes-parts. Combien chacun eut-il?

365. Un marchand de blé en a de 5 qualités : La 1re à 26 f. l'hect., la 2me à 25 f. 50, la 3me à 24 f., la 4me à 23 f. 75, et la 5me à 23 f. 25. Quel est le nombre d'hectolitres de chaque qualité qu'il peut mélanger pour faire 350 hectolitres au prix de 25 f.?

366. Quelle est la plus grande des fractions $\frac{2}{3}$ $\frac{5}{7}$ $\frac{8}{11}$ $\frac{13}{16}$?

367. On veut faire un mélange de 500 hectol. de blé qui coûte 23 f. l'hectolitre, avec des blés à 26 f., 25 f. 50, 22 f. 50, 20 f. et 18 f. Comment doit-on opérer ce mélange?

368. Un ouvrier a mis 3 jours pour faire les $\frac{2}{7}$ d'un ouvrage qui lui ont rapporté 21 f. 80. Combien de jours faudra-t-il à cet ouvrier pour terminer cet ouvrage, et que recevra-t-il pour le tout?

369. Il a fallu 15 ouvriers travaillant 10 heu-

res par jour pour défricher un terrain de 9875 mèt. 75 c. de superficie. Combien de jours faudra-t-il à 23 ouvriers travaillant 9 heures par jour pour défricher un autre terrain de même difficulté, ayant 18780^{m}70 de superficie? ·

370. A quel taux a été escompté un billet de 3822 f. 50 à 110 jours, sur lequel le banquier a retenu 58 f. 50?

371. Pendant combien de temps a été placée une somme de 3820 f. qui a rapporté 408 f. 50 d'intérêts à 4 1/2 p. 0/0?

372. Une personne laisse par testament les $\dfrac{3}{8}$ de sa fortune à son neveu, lesquels lui formeront une somme de 18000 f. ; il donne le $\dfrac{1}{9}$ du reste à l'hôpital, et il veut que le reste soit partagé également entre ses six sœurs. On demande de combien sont les sept dernières parts?

373. Un courrier qui fait deux lieues $\dfrac{5}{4}$ par heure doit avoir parcouru 209 lieues $\dfrac{1}{3}$ le 23 septembre à 6 heures $\dfrac{5}{4}$ du soir. Quel jour et à quelle heure doit-il partir, supposant qu'il doit marcher nuit et jour sans s'arrêter?

374. Un propriétaire offre une maison pour 58000 f. comptant, ou pour 67000 f. en trois paiements égaux, d'année en année sans intérêts. Quel marché l'acquéreur doit-il préférer?

375. On a payé 85 f. pour faire transporter 2500 kilog. à 45 lieues. Combien devra-on payer pour le transport de 1780 kilog. à 72 lieues?

376. Quatre ouvriers travaillent au même ouvrage ; le plus habile fait 8 mètres en 5 jours, un autre en fait 9 mètres en 7 jours, le 3me 5 mètres en 4 jours, et le 4me 9 mètres en 8 jours. L'ouvrage terminé, ils reçoivent 725 f. Quelle somme revient-il à chaque ouvrier?

377. Un banquier a retenu 84 fr. pour l'escompte d'un billet de 780 f. qui échet dans un an. A quel taux a-t-il escompté?

378. Deux courriers partent de Paris pour Marseille. Le premier fait 5 lieues en 3 heures, et le second fait 9 lieues en 4 heures; mais il part 5 heures après le premier. A quelle distance de Paris le second rejoindra-t-il le premier?

379. Il faudrait 32 ouvriers travaillant 9 heures par jour pour faire un certain ouvrage en 21 jours; mais on voudrait que l'ouvrage fût fait en 18 jours. Combien d'heures par jour faut-il faire travailler ces ouvriers?

380. On a payé 448 f. pour une certaine quantité de drap bleu et de drap noir. Le drap bleu coûte 12 f. 55 c. le mètre, et le drap noir 15 f. 45. Combien a-t-on de mètres de chaque espèce?

381. Un marchand de faïence achète 108000 assiettes à 2 f. 10 c. la douzaine. Il paie pour le transport 6 f. 45 c. par quintal, et la douzaine d'assiettes pèse 5 kilog. 5 hect. Combien gagnera-t-il s'il vend chaque assiette 30 c., sachant qu'en route il y en a eu quatre douzaines cassées?

382. On veut partager une somme de 9600 f. entre quatre personnes, à condition que la 1re ait 40 f. de moins que la 2me, la 3me 140 f. de plus que la 2me, et la 4me 200 fr. de moins que la 1re.

Quelle sera la part de chaque personne?

383. Pour vider un fossé plein d'eau on emploie trois pompes. On sait que l'une le viderait en 8 jours $\frac{3}{5}$ une autre en 6 jours $\frac{2}{3}$, et la 3me en 5 jours. Pendant combien de jours faudra-t-il faire fonctionner ensemble les trois pompes pour mettre ce fossé à sec?

384. Un particulier veut faire creuser un fossé, et à cet effet deux troupes d'ouvriers se présentent. La première pourrait faire l'ouvrage en 15 jours, et la seconde assure qu'elle le ferait en 12 jours. Alors on prend les $\frac{2}{5}$ des ouvriers de la première troupe, et les $\frac{3}{4}$ de ceux de la deuxième. En combien de jours le fossé sera-t-il creusé?

385. Une personne partant pour un long voyage laisse chez son banquier 20,000 fr. à intérêts composés 4 1/2 p. 0/0. Elle revient après 3 ans 5 mois. Combien le banquier lui doit-il?

386. Un boulanger a deux qualités de farine, la première à 40 fr., la deuxième à 34 fr. Il fait un mélange dans la proportion de 7 quintaux de la première qualité et 12 quintaux de la 2me. Il veut gagner 58 fr. sur les 1000 kilog. Combien doit-il vendre le kilogramme de pain, sachant que 17 kilogrammes de farine donnent 21 kilog. de pain?

387. Quelle est la somme qui pendant 2 ans 5 mois à 6 1/2 p. 0/0 a rapporté 2380 fr. d'intérêts simples?

388. Quatre personnes ont à se partager une

somme d'argent. La 1re en a les $\dfrac{5}{8}$ la 2me la $\dfrac{1}{2}$ du reste, la 3me les $\dfrac{2}{3}$ du second reste, et il reste à la 4me pour sa part 850 fr. Quelle est la somme à partager et la part des trois premières personnes?

389. Une troupe d'ouvriers construirait un mur en 18 jours, une autre troupe le construirait en 14 jours. On emploie en même temps les deux troupes pour le construire. Combien mettront-elles de jours?

390. Le tronc d'un arbre est les $\dfrac{5}{5}$ de sa hauteur; de la première branche à la deuxième, le $\dfrac{1}{6}$ de la hauteur, et de cette seconde branche au sommet il y a 4^{m}35. Quelle est la hauteur de l'arbre?

391. Deux fontaines coulant dans un même bassin le remplissent en 3 heures. L'une met 7 heures à le remplir. Combien l'autre met-elle lorsqu'elle coule seule?

392. Une diligence parcourt deux lieues $\dfrac{3}{4}$ par heure. Quel chemin parcourra-t-elle en 56 heures $\dfrac{4}{5}$?

393. Un tisserand fait 19 mètres de toile en 11 heures. Combien fera-t-il de mètres en 56 heures $\dfrac{5}{9}$?

394. On veut faire un mélange de 8 litres de

vin et de 11 litres d'eau. Combien y a-t-il de vin dans $\dfrac{2}{5}$ de litre de ce mélange?

395. Quatre héritiers se partagent une succession : le 1er a les $\dfrac{2}{9}$, le 2me les $\dfrac{2}{5}$ de ce qui reste, le 3me le $\dfrac{1}{3}$ de ce qui reste après que les deux premiers ont pris leur part. Et enfin le 4me a pour sa part le reste qui lui forme une somme de 19800 f. Quelle est la part de chacun des trois premiers?

396. Un ouvrier ferait un certain ouvrage en 12 jours; un autre le ferait en 15 jours. Combien ces ouvriers seront-ils de jours s'ils font cet ouvrage ensemble?

397. On achète pour 2000 f. de marchandise à 6 mois de crédit. On paye le montant de cet achat après 70 jours. Que doit-on payer, l'escompte étant à 6 p. 0/0?

398. On achète pour 2000 f. de marchandise à 6 mois de crédit. Au bout de 70 jours on paye une avance de 1200 f. Dans combien de temps devra-t-on payer le reste, l'escompte étant à 6 p. 0/0?

399. Une personne a placé une certaine somme à 4 f. 60 p. 0/0; et au bout de 16 mois 7 jours on lui remet 22610 f. Quelle somme avait-elle placée?

400. Un ouvrier ferait un ouvrage en 18 jours, un autre le ferait en 24 jours, un 3me le ferait en 36 jours. Combien mettront-ils de temps en travaillant tous les trois ensemble, et quelle partie de l'ouvrage chacun d'eux fera-t-il?

401. Lorsque la rente 4 1/2 p. 0/0 est au cours de 96 fr. 25; quel doit être le retour du 3 p. 0/0?

402. Quelle somme faut-il placer à 4 1/2 p. 0/0 pendant 2 ans 3 mois 17 jours pour toucher 5000 f. d'intérêt simple?

403. Trois ouvriers ont entrepris un ouvrage pour lequel il sera payé 325 f. Le premier en fait 9 mètres en 45 jours, le 2me 11 mètres en 7 jours, et le 3me 8 mètres en 5 jours. Quelle somme doit recevoir chaque ouvrier?

404. Un train de grande vitesse part de Paris à 7 heures du soir et arrivera demain à 9 heures du matin à Strasbourg. Quel jour et à quelle heure arrivera une diligence partie de Paris en même temps, mais qui n'aura parcouru que $\dfrac{4}{15}$ de la route au moment de l'arrivée de la locomotive?

404. Deux diligences partent en même temps de Paris et de Metz. La diligence partie de Paris fait 2 lieues $\dfrac{2}{3}$ par heure, et celle qui part de Metz ne fait que 2 lieues $\dfrac{1}{4}$. La distance des deux villes est de 80 lieues $\dfrac{3}{4}$. Combien la diligence partie de Metz arrivera-t-elle d'heures plus tard à Paris que celle de Paris à Metz?

406. La rente 4 1/2 p. 0/0 est à 87 f. 60. Quel revenu pourrait-on se faire en achetant à ce prix pour 57700 f.?

407. Un voyageur marchant 9 heures par jour a mis 25 jours pour faire 245 lieues. Combien

ferait-il de lieues en 28 jours s'il marchait 10 heures par jour?

407 *bis*. 35 ouvriers en 12 jours, travaillant 9 heures par jour, ont fait un fossé de 560 mètres de longueur. Combien faudrait-il que 28 ouvriers travaillassent d'heures par jour pour faire en 15 jours un second fossé dans le même terrain? Ce second fossé ayant la même largeur et profondeur que le premier, et 598 mètres de longueur.

408. Une somme de 4950 f. est placée à 5 p. 0/0 et à intérêts composés. On la retire au bout de 8 ans et 5 mois. Combien doit-on recevoir?

409. Un rentier a placé 15800f. à 5 1/2 p.0/0, 18500 f. à 4 3/4 et il possède une propriété de 58000 f. qui lui rapporte $4\frac{2}{3}$. Quel est son revenu annuel?

410. Un libraire a besoin de 875 volumes dans un très court délai, et pour les faire relier il s'adresse à 4 ateliers. Le premier les relierait en 25 jours, le 2me en 36 jours, le 3me en 20 jours, et le 4me en 17 jours. Ce libraire emploie les 4 ateliers à la fois. Dans combien de temps aura-t-il ses volumes, et combien chaque atelier en reliera-t-il chaque jour?

411. Un capitaliste a placé 120000 fr. partie chez un fabricant, partie sur une propriété, et cette somme lui rapporte 5890 fr. La somme prêtée au fabricant lui rapporte 6 p. 0/0, et celle qui a pour garantie la propriété lui rapporte 4 1/2 p. 0/0. On voudrait savoir quelle somme est placée chez le fabricant?

412. On a employé 7 rouleaux de papier de 45 centimètres de large pour couvrir 6m45 de mur.

Combien faudrait-il de rouleaux d'un papier de 48 centimètres de large pour couvrir un mur de 8ᵐ35, et de même hauteur que le premier?

413. Un fabricant a mis dans une entreprise 9500 fr.; 10 mois après il prend un associé qui apporte 14500; 18 mois plus tard un 3ᵐᵉ associé apporte 18900 fr. Trois ans après cette dernière époque la société reconnaît avoir perdu la mise du 2ᵐᵉ associé. Quelle somme chaque associé doit-il retirer?

414. Quelle somme faut-il placer à intérêt simple et à 4 1/2 p. 0/0 pour augmenter son avoir de 5800 fr. en 21 mois?

415. J'ai reçu 815 sur un billet de 900 fr. que l'on m'a escompté à 6 p. 0/0. A quelle échéance était ce billet?

416. Une somme de 468 fr. est restée à intérêts composés 7 ans 5 mois 8 jours à 6 p. 0/0. Combien doit-on recevoir capital et intérêts compris?

417. Un marchand de liqueurs mélange 245 litres d'eau-de-vie à 33 degrés qui lui coûte 1 fr. 40; 112 litres à 27 degrés, et à 1 fr. 05, il y ajoute un quart d'eau. Quel degré portera le mélange, et combien doit-il vendre le litre pour gagner 75 c. par litre?

418. Trois personnes ont à se partager 840 francs. La deuxième doit avoir les $\frac{3}{5}$ de ce qu'aura la première, plus 40 fr. et la troisième les $\frac{5}{6}$ de ce qu'aura la deuxième, moins 25 fr. Quelle est la part de chaque personne?

419. Un tisserand a fait avec 8 kilog. de fil 34

mètres $\dfrac{2}{3}$ de toile qui a 80 centimètres de largeur. Combien ferait-il de mètres de 72 centimètres de large avec 28 kilog. de fil semblable au premier?

420. Un négociant de Bordeaux envoie à un marchand d'eau-de-vie de Paris un tonneau contenant 560 litres. Il y a dans ce tonneau de l'eau-de-vie à 2 fr. 50 le litre, et à 2 fr. 45. Il le paye 1280 fr. Combien y a-t-il de litres de chaque qualité?

421. Un bassin de 140 hectolitres est alimenté par trois robinets, l'un pourrait le remplir en 7 heures, un autre en 6 heures, et le troisième en 4 heures. Combien deux robinets semblables aux deux derniers seraient-ils de temps à remplir un bassin de 200 hectolitres?

421. Il a fallu 12 mètres d'un drap de $\dfrac{5}{6}$ de large pour 7 vêtements. Combien faudrait-il de mètres d'un drap de $\dfrac{3}{4}$ de large pour faire 18 vêtements semblables aux premiers?

422. Quatre personnes ont à se partager 18500 que laisse une personne en faillite. Elle doit à la première 1500 fr., plus les intérêts composés à 4 p. 0/0 pendant 5 ans; à la deuxième 19000 fr., plus les intérêts simples à 6 p. 0/0 depuis 18 mois, à la troisième 6000 fr. depuis 7 mois à 6 p. 0/0, et enfin à la quatrième 9500 fr. à 6 3/4 p. 0/0 depuis 5 mois. Combien chaque créancier doit-il recevoir?

423. Quel est le taux annuel lorsqu'on place à 3/4 p. 0/0 et à intérêts composés?

424. En combien d'années un capital se double-t-il au taux 5 0/0?

425. Ajoutez les fractions $\dfrac{5}{9}\ \dfrac{2}{3}\ \dfrac{5}{6}\ \dfrac{11}{12}\ \dfrac{13}{15}\ \dfrac{19}{20}$, en décomposant les dénominateurs en facteurs premiers.

426. Quatre associés ont à se partager un bénéfice de 18000 fr. L'un d'eux a mis 7500 dans le fonds social, un autre 4900 fr. et 15 mois après il a encore mis 3500 fr., un 3me a mis 9000 fr. mais un an plus tard il a retiré 4500 fr. le 4me est entré dans la société 18 mois après sa fondation avec un apport de 15000 fr. Au bout de 4 ans la société se dissout. Quelle est la part de chaque associé dans le bénéfice?

427. Avec du vin à 20 sous le litre, à 18 sous, à 15 sous, à 10 sous et à 8 sous, on veut faire un mélange de 1500 litres, et vendre le litre du mélange 12 sous. Quel est le nombre de litres de chaque qualité qu'il faut faire entrer dans ce mélange?

428. Une personne a prêté 9000 fr. au taux 5 p. 0/0 pendant 12 ans et à intérêts composés. Combien doit-elle recevoir au bout de ce temps, capital ei intérêts compris?

429. Un capitaliste a reçu 9880 fr. pour une somme prêtée pendant 9 ans et à intérêts composés 6 p. 0/0. Quelle était cette somme?

430. Le capital 7500 placé à 1/2 p. 0/0 a produit 348 fr d'intérêt. Pendant combien de temps est-il resté placé?

431. Quelqu'un porte à l'escompte un billet

de 780 fr. à 178 jours d'échéance. On lui donne 695 fr. Quel est le taux de l'escompte ?

432. Deux pièces d'étoffe contenant ensemble 148 mètres ont été payées 1009 fr. 50. On sait que le prix du mètre de l'une est 5 francs, et celui de l'autre 8 fr. 50. Combien chaque pièce contient-elle de mètres ?

433. Les $\frac{5}{7}$ d'un nombre, moins 24, égalent 716. Quel est ce nombre ?

434. A quel taux a été placée une somme de 6000 fr. qui, après 2 ans 5 mois, 18 jours, a rapporté 1570 fr. 50 d'intérêt simple ?

435. Quel est l'escompte en dehors d'un billet de 2500 fr. pendant 4 mois à 7 p. 0/0 ?

436. On a acheté 680 mètres de drap à 16 fr. 75 le mètre. On a payé l'achat comptant, moyennant une remise de 5 p. 0/0. On veut en outre réaliser un bénéfice de 15 $\frac{3}{4}$ p. 0/0. Combien doit-on vendre le mètre de drap, et que gagnera-t-on sur le tout ?

437. Quel est l'escompte en dedans d'un billet de 8500 fr. à 55 jours et à 6 p. 0/0 ?

438. 75^m 80 de marchandise à 15 fr. 35 sont payés par un billet à 65 jours. Combien devra-t-on porter sur le billet pour que le vendeur ne perde rien ?

439. Sachant que l'on paye 6 fr. 75 par quintal et par 100 kilom. pour les transports des marchandises à petite vitesse, on demande combien on payerait pour le transport de 84 colis pesant chacun 128 kilog. à une distance de 142 kilom.

440. On achète du vin à 75 fr. 60 c. l'hecto-litre. On paye pour transports et droits d'entrée 21 fr. 45 par hectolitre. Combien devra-t-on vendre le litre pour gagner 16 p. 0/0.

441. Quand le cours de la rente 4 1/2 p. 0/0 est à 87 fr. 75. Combien doit-on payer le 5 p. 0/0 pour placer son argent au même taux?

442. Les $\frac{3}{4}$ et le $\frac{1}{9}$ d'un nombre laissent pour reste 75. Quels sont les $\frac{7}{9}$ de ce nombre?

443. Quels sont les intérêts que rapportent 12820 fr. 60 à $4\frac{3}{4}$ p. 0/0 pendant 5 ans 9 mois 25 jours?

444. Quels sont les intérêts que rapportent 4820 fr. à $4\frac{1}{4}$ p. 0/0 pendant 9 mois?

445. Trouver le plus grand commun diviseur, entre les nombres 396, 552, 275, 198, 187.

446. Combien doit-on recevoir sur un effet de 800 fr. à 96 jours, l'escompte étant en dedans, et combien doit-on recevoir l'escompte étant en dehors?

447. A quel taux devra-t-on placer 12600 fr. pour rapporter 630 d'intérêts pendant un an?

448. A quel taux devra-t-on placer 6320 fr. pour rapporter en 10 mois 515 fr. d'intérêts?

449. Une personne fait par année pour 40000 fr. d'affaires et a 12000 fr. de bénéfice net. La matière première lui coûte 20 fr. le quintal, et elle la revend travaillée 60 fr. Combien paye-t-elle pour la main-d'œuvre, et combien a-t-elle de kilog. de matière première?

450. Un gramme d'or pur vaut 3 fr. 457. Un lingot contient 0.878 d'or pur et coûte 48 fr. 60. Quel est son poids?

451. On achète une propriété 120.000 fr. payable en 5 ans avec intérêts à 5 p. 0/0. La première année on verse 38000 fr. imputables sur le capital et sur les intérêts; la deuxième année 42000 fr. la troisième 26500, la quatrième 12500. Combien devra-t-on payer la cinquième?

452. Quels sont les intérêts que rapportent 18556 fr. 60 à 4 1/2 p. 0/0 pendant 48 jours?

453. 1332 fr. 50 rapportent 725,50 d'intérêts pendant un an. Quels seraient les intérêts de 25000 fr.?

454. Quels sont les intérêts que rapportent

$$9590 \text{ fr. } 60 \text{ à } 5\frac{3}{4} \text{ p. 0/0 pendant un an?}$$

455. Un rentier retire annuellement 3600 fr. de tous ses capitaux placés à 4 1/2 p. 0/0. Quelle est sa fortune?

456. Un train exprès parti ce matin de Paris à 8 heures 1/4 est arrivé à Epernay à 10 heures 1/2. La distance de ces deux villes étant de 168 kilom., on demande la vitesse par heure?

457. Une somme a rapporté en 245 jours, à 6 1/4 p. 0/0 850 fr. Quelle était cette somme?

458. 8360 fr. ont rapporté 230 fr. 50 en 6 mois. A quel taux les avait-on placés?

459. Un forgeron avec ses deux frappeurs a entrepris un travail qui lui a été payé 320 fr. Ils ont été 23 jours pour le faire. La journée du forgeron est comptée à 6 fr.; celle de chaque frappeur à 3 fr. 50. Quelle est la part que chacun doit avoir du boni?

460. 15340 fr. ont rapporté 55 fr. 60 en 37 jours. A quel taux les avait-on placés?

461. A quel taux devrait-on placer 60000 fr. pour rapporter 1240 fr. en 4 ans 1 mois 24 jours?

462. Trois négociants ont fait en commun une entreprise. Le 1er a mis 1700 fr. le 2me 1920, et le 3me 2400 fr. Leur bénéfice est de 1280 fr. Quelle somme faut-il placer?

463. On désire placer pendant 4 mois à 6 p. 0/0 l'an, une somme qui rapporte 650 fr. Quelle est la part de chacun?

464. 5 ouvriers travaillant 8 jours et 10 heures par jour, ont fait 58 mètres d'ouvrage. Combien 7 ouvriers travaillant 11 jours et 9 heures par jour feront-ils de mètres de même ouvrage?

465. Quel capital devrait-on placer à 7 p. 0/0 pendant 48 jours pour rapporter 38 fr. 60 d'intérêts?

466. Quelle somme devrait-on placer à 4 1/2 p. 0/0 pendant 3 ans 8 mois 20 jours pour rapporter 3785 fr. 80 d'intérêts?

467. Une personne achète 150 fr. de rente à 4 1/2 p. 0/0 au cours de 89 fr. 60. Elle les revend 91 fr. 50. Combien gagne-t-elle?

468. Pendant combien de temps devrait-on placer 8000 fr. à 6 p. 0/0 pour rapporter 30 fr.

469. 20 ouvriers travaillant 10 heures par jour ont fait 75 mètres d'ouvrage en 30 jours. Combien faudrait-il de temps à 25 ouvriers travaillant 8 heures par jour pour faire deux fois autant d'ouvrage?

470. Au bout de 4 ans 5 mois 18 jours une somme qu'on avait placée à 3 fr. 75 p. 0/0 est

devenue avec intérêts composés 20000 fr. Quels intérêts a-t-elle rapportés?

471. La France paye tous les ans 188000000 de contributions. Combien formerait de lieues le budget si cette somme était composée de pièces de 5 francs et empilées les unes sur les autres? La lieue ayant 4444 mètres, et l'épaisseur d'une pièce de 5 francs étant de 0^{m}0025.

472. Trois associés ont mis en commun, le premier 1600 fr. le deuxième 1980 fr. le troisième 2400 fr. Ils ont perdu 2790 fr. Quelle est la part que chaque associé doit supporter?

473. Une personne achète 725 fr. de rente au taux 75 fr. 50. Elle les revend à 72 fr. Combien perd-elle?

474. En fondant ensemble 30 kilog. de cuivre et 70 kil. de zinc, on obtient 100 kilog. de laiton. A combien reviennent 100 kilog. de laiton si le cuivre vaut 2 fr. 75 et le zinc 0 fr. 75 centimes.

475. 25340 fr. 75 c. placés à 5 0/0 ont rapporté 2000 fr. Combien de temps sont-ils restés placés?

Le $\dfrac{1}{3}$ d'un nombre dépasse le $\dfrac{1}{5}$ de 240. Quels sont les $\dfrac{7}{9}$ de ce nombre?

477. Une somme placée à intérêts simples et à 6 2/3 p. 0/0 pendant 3 ans est devenue 1200 francs avec les intérêts. Quelle est cette somme?

Un bassin circulaire reçoit l'eau de trois fontaines. L'un le remplit en 2 heures, la 2me en 1 heure 40 minutes. En combien de temps le bassin sera-t-il rempli par ces trois fontaines?

479. Deux associés ont fait un bénéfice de

15000 fr. Le premier a mis 5000 fr., pendant 25 mois. La deuxième 4500 fr. pendant 18 mois. Quelle part revient à chacun dans le bénéfice ?

480. Une personne voudrait utiliser une somme de 50000 fr. Elle trouve pour cette somme une maison qui rapporte 4 1/2 p. 0/0, mais qui exige des frais à raison de 10 p. 0/0 du revenu. On lui offre aussi pour la même somme une propriété qui rapporte 4 p. 0/0 net. Quel marché doit-elle préférer ?

481. Une somme placée à 5 p. 0/0 pendant un an est devenue 15000 f. Quelle était cette somme ?

482. On achète des marchandises pour 5830 f. que l'on paye comptant avec une remise de $3\frac{1}{4}$ p. 0/0. Combien doit-on les revendre pour gagner 1580 ?

483. Une somme de 52860 fr. a été placée dans une entreprise qui a donné 4825 fr. 50 de bénéfice au bout de 3 ans 1/2. Trouver son rapport pour cent et par an ?

484. Une personne a reçu 75850 f. 25 pour le capital et les intérêts composés à 6 1/2 p. 0/0 d'une somme pendant 9 ans 8 mois. Quelle était cette somme ?

485. 14 obligations du chemin de fer du Nord au cours de 596 fr. 60 ont été échangées contre 18 obligations du chemin de fer de l'Est, au cours de 310 fr. 20. Combien a-t-on rendu ?

486. Additionner les nombres fractionnaires $538\frac{5}{7} + 49\frac{5}{18} + 725\frac{3}{5} + 19\frac{23}{45} + 134\frac{11}{72} + 27\frac{7}{9}$.

487. On fait un mélange de 222 litres de vin à 50 c. 75 litres à 65 c. et 18 litres d'eau. Combien doit on vendre le litre du mélange pour gagner 0, 15 c. par litre?

488. Une personne achète une propriété 3100 fr. payable au bout d'un an avec intérêts à 5 p. 0/0. Elle paye 1000 fr. au bout d'un mois, et veut payer le reste 6 mois après. Combien doit-elle donner?

489. Une écurie contient 13 chevaux produisant environ 17 kilog. de fumier chacun par jour, si l'on achetait le fumier d'une année pour 475 f.; à combien reviendrait le mètre cube sachant que le poids d'un mètre cube est de 720 kilog.

490. Une personne a acheté 857 fr. de rente 3 p. 0/0 au cours de 72 fr. 40. En revendant cette rente quelques jours après, elle gagne 850 fr. A quel cours a-t-elle vendu?

491. Une personne a deux espèces de thé, la première à 12 fr. 80 le kil., la deuxième à 16 f. 60. Comment devra-t-il mélanger ces deux qualités pour les revendre à 15 fr. le kilog. et obtenir 825 kilog. de ce mélange?

492. 200 hectolitres de pommes de terre donnent 2295 kilog. de fécule et 4400 de pulpe. Quelle quantité retirera-t-on de chacune de ces matières de 132 hectolitres de pommes de terre?

493. Quel intérêt retirerait-on de 18500 fr. à $5\frac{3}{4}$ p. 0/0 pendant 11 mois 8 jours.

494. Quelqu'un place 25000 fr. partie à 7 et partie à $5\frac{1}{2}$ et reçoit 1580 fr. d'intérêt. Quelles

sont les sommes placées à chacun de ces taux?

495. Une personne a acheté 3700 fr. de rente $4\frac{1}{2}$ au cours de 64 fr. 75. Quelle somme a-t-elle dû verser?

496. Quel capital faut-il placer à 5 1/2 p. 0/0 pour toucher au bout de 9 ans 5 mois 80850 fr., capital et intérêts composés compris?

497. Deux voyageurs partis en même temps de Paris et de Bordeaux se rencontrent au bout de 8 jours de marche. L'un faisait 45 kilomètres par jour et l'autre 54 kilom. Quelle est la distance des deux villes, et combien chacun a-t-il fait de kilomètres?

498. Une compagnie de zouaves a fait une razzia dont elle se partage le $\frac{1}{3}$ qui lui revient de droit. Le capitaine a les deux $\frac{2}{25}$ de ce tiers, le premier lieutenant le $\frac{1}{12}$ du reste, le second lieutenant le $\frac{1}{15}$ de ce qui reste après que le capitaine et le premier lieutenant ont pris leur part, et chacun des 130 soldats a 8 fr. 50. Quelle est la valeur de cette razzia?

499. Une personne a gardé 18500 fr. pendant 7 mois 18 jours à $5\frac{5}{4}$ p. 0/0. Quelle somme a-t-elle dû rendre?

500. Un bassin dans lequel coulent deux fontaines est rempli par l'une en 6 heures et par l'autre en 8 heures. Il se vide en 10 heures par un robinet d'écoulement. En combien de temps

ce bassin sera-t-il rempli si on laisse le robinet ouvert en même temps que couleront les deux fontaines?

501. Une pièce de vin de 228 litres coûte 185 fr. 25. Elle contient du vin à 0 fr. 60 c. et à 0 fr. 90 c. Combien contient-elle de litres de chaque prix?

502. Un père meurt et laisse par testament le $\frac{1}{3}$ de son bien à son fils, $\frac{1}{5}$ à chacune de ses deux filles, et il reste pour sa veuve 36000 fr. Quelle est la part de chaque enfant?

503. Un marchand de volailles achète 172 pièces, tant oies que dindes, pour une somme de 860 fr. Il paye les oies 3 fr. 50, et les dindes 6 fr. 50. Combien a-t-il de chaque espèce de volailles?

504. Un alliage est composé de cuivre et de zinc. Le cuivre forme les $\frac{23}{100}$ de son poids, et le zinc les $\frac{77}{100}$. Combien y a-t-il de cuivre et de zinc dans 239 grammes d'alliage?

505. Un courrier part de Paris pour Lyon et fait 9 kilom. par heure, 4 heures plus tard on fait partir un second courrier qui fait 11 kilom. par heure, et qui a ordre de rejoindre le premier. A quelle distance de Paris le rejoindra-t-il?

506. Un billet de 1380 fr. est payable dans 4 mois 8 jours. Le possesseur le fait escompter et reçoit 1302 fr. A quel taux a-t-il été escompté?

507. Cinq personnes se sont associées et ont

en commun 18600 fr. La première a mis le $\frac{1}{3}$ de la somme, la deuxième les $\frac{3}{10}$ du reste, la troisième les $\frac{2}{5}$ de la deuxième, le quatrième le double de la troisième, et la cinquième le reste. Leur bénéfice est de 15900 fr. Quelle est la part de chaque personne?

508. Une personne laisse par testament 85800 à condition que son neveu aura le $\frac{1}{5}$ de son bien, chacune de ses deux nièces le $\frac{1}{3}$ et les hospices le reste. Quelle somme revient-il à ces derniers?

509. Un billet de 985 fr. est payable dans 7 mois 25 jours, on le fait escompter à $7\frac{3}{4}$ p. 0/0 Combien doit-on recevoir si l'on ajoute au taux de l'escompte $\frac{1}{2}$ p. 0/0 de commission?

510. Une personne a reçu 72500 au bout de 4 ans 5 mois pour un capital de 62400 fr. placé à intérêts simples. A quel taux était-il placé?

511. Un distillateur reçoit d'un négociant de Bordeaux une pièce d'eau-de-vie de 450 litres qui lui coûte 725 fr. Elle est composée d'eau-de-vie à 1 fr. 80 c. le litre, et d'eau-de-vie à 1 f. 50. Combien y a-t-il de litres de chaque qualité?

512. Un serrurier construit une grille à raison de 0 fr. 18 c. le centimètre cube. Elle se trouve peser 295 kilog. Combien cet ouvrier devra-t-il

recevoir? Sachant que le poids spécifique du fer est 7 k. 778.

513. Une personne achète une pièce d'étoffe de $140\frac{7}{9}$. Elle en vend les $\frac{3}{8}$ pour 960, et gagne 180 fr. Combien lui avait-elle coûté le mètre ?

514. Une personne reçoit les $\frac{11}{15}$ d'une somme de 96000 fr., une autre les $\frac{5}{9}$ du reste, une troisième les $\frac{3}{4}$ du second reste, et une quatrième le dernier reste. Combien a reçu chaque personne ?

515. Un robinet peut emplir un bassin en 9 heures; un autre robinet peut l'emplir en 11 heures. Si le bassin est déjà rempli aux $\frac{2}{9}$. Combien faudra-t-il de temps pour l'emplir entièrement si on laisse couler ensemble les deux robinets ?

516. Un cultivateur a les $\frac{2}{5}$ de ses récoltes en blé, le $\frac{1}{3}$ en orge, le $\frac{1}{4}$ en avoine et le reste en seigle. Il vend le blé à raison de 27 fr. l'hectolitre, l'orge à 18 fr. 50, l'avoine 12 fr. et le seigle 15 fr. et reçoit 8720 fr. Combien d'hectolitres avait-il de chaque espèce ?

517. Quelqu'un vend les $\frac{3}{5}$ d'une pièce de drap moyennant 467 fr. 25 et les 18 mètres qu\

lui restent à raison de 19 fr. 50. Combien a-t-il reçu en tout, et combien cette pièce contenait-elle de mètres?

518. Les 100 kilog. d'huile de colza se vendent 125 fr. 50. Combien coûtera une tonne de 725 litres? Le poids spécifique étant 0 k. 92.

519. On achète des marchandises pour 14820 fr. On en revend le $\frac{1}{3}$ avec un bénéfice de 12 p. 0/0, le $\frac{1}{5}$ du reste avec un bénéfice de 450 fr. et le reste avec un bénéfice de 8 0/0. Combien a-t-on gagné en tout et pour cent?

520. Le $\frac{1}{5}$ d'un nombre moins 47 égale 238. Quel est ce nombre?

521. Combien faudrait-il ajouter aux $\frac{5}{4}$ de 108 pour les augmenter de $\frac{1}{5}$?

521. Une fontaine emplirait un bassin en 5 heures, une autre en 4 1/2. Combien seraient-elles de temps pour le remplir si elles coulaient ensemble en supposant qu'il s'écoule par heure $\frac{1}{5}$ du liquide versé?

522. Les $\frac{3}{4}$ d'un nombre augmenté de 17 égalent 62. Quel est ce nombre?

523. Le $\frac{1}{5}$, le $\frac{1}{4}$ et le $\frac{1}{7}$ d'un nombre moins les $\frac{2}{5}$ + le $\frac{1}{8}$ de ce nombre égalent 728

Quel est ce nombre?

524. Quelqu'un reçoit 15720 fr. pour le capital et les intérêts composés d'une somme prêtée pendant 7 ans 5 mois à 5 $\frac{3}{4}$ p. 0/0. Quelle est cette somme ?

525. Pendant combien de temps faudrait-il placer 7800 fr. à 7 $\frac{1}{4}$ p. 0/0 pour recevoir 42 fr. 50 d'intérêts?

526. Partager 2080 proportionnellement aux fractions $\frac{7}{8} \frac{3}{4} \frac{5}{6}$.

527. Partager 7248 proportionnellement aux nombres 4 $\frac{1}{5}$, 9 $\frac{3}{8}$ et 16 $\frac{4}{11}$.

528. On mélange deux métaux dans la proportion aux nombres 3 $\frac{1}{5}$ et 7 $\frac{1}{8}$. Combien emploie-t-on de chaque métal dans 468 kilog. $\frac{3}{4}$?

529. Quel est le nombre dont les $\frac{7}{8}$ des $\frac{5}{6}$ sont égaux à 120?

530. Deux associés ont eu pour part de bénéfice dans une entreprise, le 1ᵉʳ 1850 fr. et le 2ᵐᵉ 5980 fr. Le 1ᵉʳ avait mis 30450 fr. pendant 7 mois, et le 2ᵐᵉ une somme inconnue pendant cinq mois. Quelle est cette somme ?

531. Quel est le nombre plus le $\frac{1}{3}$ + le $\frac{1}{4}$ + le $\frac{1}{7}$ font 784?

532. Deux associés ont fait une entreprise dans laquelle ils ont gagné 12950 fr. Le premier a mis 19800 fr. pendant 8 mois $\frac{1}{2}$, le deuxième 16700 fr. pendant 9 mois 16 jours. Quelle est la part de chacun ?

533. Deux associés ont fait une entreprise dans laquelle le 1er a eu 9500 fr. de bénéfice et le 2me 8400 fr. Le premier a mis 54800 fr. pendant 8 mois $\frac{1}{2}$ et le 2me 38400 fr. pendant un temps inconnu. Trouver ce temps?

534. Une personne achète 7850 fr. de rente 3 p. 0/0 à 84 fr. 50. Elle a gagné 8900 fr. en les revendant. A quel taux a-t-elle vendu?

535. Quel capital faut-il pour acheter 5900 f. de rente 4 1/2 p. 0/0 au cours de 91 fr. 25?

536. Une garnison n'a plus de vivres que pour 15 jours et doit encore garder une place pendant 24 jours. A quelle fraction faut-il réduire la ration de chaque homme?

537. Un bassin qui peut contenir 58 hectolitres d'eau en reçoit d'une source $\frac{3}{4}$ d'hectolitre par heure et en perd par une ouverture $\frac{5}{5}$ d'hectolitres par heure. Combien de temps sera nécessaire pour remplir ce bassin?

538. Un ouvrier peut faire un ouvrage en $\dfrac{3}{4}$ de jour, un autre ferait le même ouvrage en $\dfrac{4}{5}$ de jour. Les deux ouvriers se réunissent. En combien de temps l'ouvrage sera-t-il achevé?

539. On fait un alliage de 15 grammes d'or et de 3 grammes de cuivre. Combien y a-t-il d'or et de cuivre dans $\dfrac{4}{7}$ gramme de cet alliage?

540. Une fontaine remplirait un bassin en $\dfrac{1}{5}$ d'heure, une autre en $\dfrac{1}{8}$, et une troisième en $\dfrac{1}{7}$ d'heure. Si les trois fontaines coulent ensemble, en combien de temps rempliront-elles le bassin?

541. Le train du chemin de fer parti de Paris à midi arrive à Rouen à 5 heures du soir. A cette heure là une diligence partie de Paris en même temps n'a fait que les $\dfrac{4}{15}$ de la route. A quelle heure arrivera-t-elle à Rouen?

542. Un bassin est muni de trois robinets: Deux sont destinés à le remplir, et le 3me à le vider. Le premier le remplirait en cinq heures et le 2me en 6 heures $\dfrac{1}{2}$; le 3me le viderait en 2 heures $\dfrac{1}{2}$. Le bassin étant déjà plein d'eau, on ouvre les trois robinets à la fois. Dans combien de temps sera-t-il vidé?

543. Un ouvrier ferait un ouvrage en $\frac{2}{3}$ de jour, un autre le ferait en $\frac{4}{5}$ de jour. On demande : 1° Quel temps ils mettront à le faire ensemble ; 2° Quelle partie de l'ouvrage chacun aura fait ; 3° Quel est le gain de chacun, l'ouvrage entier étant payé 8 fr. 80.

544. Après avoir retranché les $\frac{2}{5}$ et le $\frac{1}{8}$ d'un nombre, le $\frac{1}{4}$ et le $\frac{1}{7}$ du reste égalent 728. Quel est ce nombre ?

545. 28 ouvriers en 45 jours et 9 heures par jour ont fait un certain ouvrage. Combien faudrait-il de temps à 18 ouvriers travaillant 10 heures par jour pour faire le même ouvrage ?

546. Deux convois parcourent un chemin de fer dans les directions opposées. Le premier avec une vitesse de 38 kilom. à l'heure, le deuxième avec une vitesse de 48 kilom. à l'heure. Au bout de combien de temps après leur croisement seront-ils à 290 kilom. l'un de l'autre ?

547. Une lampe carcel dont le diamètre 0^{m}058 millim. brûle 430 grammes d'huile en 8 heures. Quelle sera la dépense d'une autre lampe 0^{m}024 millim. de diamètre pendant 10 h. 30 minutes ? On suppose que la dépense varie proportionnellement au contour de la mèche.

548. Trois individus adjudicataires n'ont pas rempli les conditions de leur marché. Le ministre a décidé que la moins-value réglée à 8400 fr. serait retenue sur leur cautionnement s'élevant à 16800 fr. Quelle est la perte qui incombera à

chacun si, pour constituer ce cautionnement les deux premiers ont mis chacun 5000 fr. et le troisième le reste?

549. Un particulier lègue le $\frac{1}{4}$ de ses biens à une personne, les $\frac{3}{5}$ à une 2me, et les 4500 fr. qui restent à une 3me. Quel est le montant de la succession et la part des deux premières personnes?

550. Un particulier a acheté une charge de pommes de terre. Il en cède le $\frac{1}{4}$ à une première personne, le $\frac{1}{3}$ à une deuxième, et le $\frac{1}{5}$ à une troisième. Il lui en reste 3 hect. $\frac{5}{8}$. Combien d'hectolitres de pommes de terre avait-il achetés?

551. Une personne a acheté pour 2980 fr. un pré qu'elle loue à raison de 95 fr. par an. Les contributions sont de 3 fr. 65 c. On demande le produit net p. 0/0 au capital?

552. Une personne achète 950 fr. de rente à 4 1/2 p. 0/0 au cours de 67 fr. 85. Elle voudrait gagner en les revendant 189 fr. 50. A quel cours doit-elle revendre?

553. Une lingère veut faire des chemises, les vendre 5 fr. pièce et gagner 12 p. 0/0. Elle paie 1 fr. 50 de façon, et chaque chemise exige 3 m. 50 de calicot. A quel prix doit-elle acheter ce calicot?

554. Un marchand achète 35 pièces de drap de chacune 75 mètres à raison de 18 fr. 50 c. le mètre. Il a vendu le tout avec bénéfice de 8

$\frac{3}{4}$ p. 0/0. On demande le prix d'achat, le prix de vente, et le bénéfice du marchand?

555. Un épicier a trois espèces de café. 68 k. à 2 fr. 50, 37 kilog. à 1 fr. 85, et 208 kilog. à 1 fr. 50. Il les mélange et veut gagner 50 fr. Combien doit-il vendre le kilog du mélange?

556. Le bronze des canons s'obtient en fondant 5 kilog. 1/2 d'étain avec 50 k. de cuivre. A combien revient le kilog. d'alliage? L'étain et le cuivre coûtent respectivement 2 f. 75 et 2 f. 60.

557. L'alliage qu'on emploie pour les caractères d'imprimerie est de 69 parties de plomb, 24 d'antimoine, 5 d'étain et 4 de cuivre. Il y a sur le tout 2 parties de déchet produit par la fusion. Le plomb, l'antimoine, l'étain et le cuivre coûtent respectivement 0 65, 2 fr. 10, 2 f. 65 et 2 f. 50 le kil. Quel sera le prix d'un kil. d'alliage?

558. Un particulier possède 5 lingots d'or, le premier au titre de 920 millièmes pèse 7 k. 75, le deuxième au titre de 840 millièmes pèse 9 k. 25, le troisième au titre de 750 millièmes, et pèse 12 k. 35. Il veut les convertir en un lingot. Quel sera le titre de l'alliage?

559. Trouver la valeur d'un gramme d'argent et d'un gramme d'or pur.

660. Quel est le poids d'un lingot au titre de 860 millièmes, et contenant 17 grammes d'or pur?

561. Un marchand mélange des vins de différentes qualités. 560 litres à 0 fr. 80 c. le litre, 975 litres à 0 fr. 70c. et 850 litres à 0 fr. 45. Combien coûtera un litre du mélange?

562. Un négociant commence une entreprise avec 15000 fr., 4 mois plus tard un associé lui

confie 18000 fr., 5 mois plus tard encore un 2me associé lui apporte 35000 fr. 8 mois après cette dernière épreuve il n'y a plus rien dans la caisse. Partagez la perte entre les trois associés?

563. Partagez 324 fr. entre trois personnes de manière que la part de la première soit les $\dfrac{4}{5}$ de celle de la deuxième, et que la part de la deuxième soit les $\dfrac{7}{9}$ de celle de la troisième.

564. Trois libraires ont fait l'entreprise de l'édition d'un ouvrage dont les frais s'élèvent à 35000 fr.. Combien chacun doit-il payer? Le 1er étant intéressé pour les $\dfrac{4}{11}$ le 2me pour les $\dfrac{3}{8}$, et le 3me pour le reste.

565. Partagez 3900 en trois parties proportionnellement aux nombres 3, 5, 13.

566. Une personne achète du 4 1/2 p. 0/0 pour une somme de 55875, et touche 2495 de rente. Quelque temps après elle revend son titre de rente et gagne 5800 f. A quel cours avait-elle acheté, et à quel cours a-t-elle revendu?

567. On achète de la rente 3 p. 0/0 pour 1040 fr. au cours de 70 f. 40. Combien de rente a-t-on?

568. On achète 1580 fr. de rente 3 p. 0/0 au cours de 63 fr. 80. Quelle est la somme à débourser, les frais de courtage étant de $\dfrac{1}{8}$ p. 0/0

569. Quatre négociants ont formé une entreprise pour laquelle le 1er a mis 28000 fr. 75 et 6 mois après il a retiré 15800 fr. 25; le deuxième

45700 fr. 65 et 8 mois après 6422 fr. 25 ; le troisième a mis d'abord 47580 f. et 10 mois après il a retiré 20400 fr. 40 c. le quatrième a mis 36700 fr. 75 et 9580 fr. 65 trois mois après. L'entreprise qui a duré 2 ans $\frac{1}{2}$ a produit 85860 fr. 85 c. de bénéfice. Combien revient-il à chaque négociant pour sa part du bénéfice?

570. Pendant combien de temps faudra-t-il placer un capital de 1450 francs pour retirer 435 fr. 25 d'intérêts, le taux étant à 5 1/2 p. 0/0.

571. Une personne charitable a légué 180000 f. destinés à acheter du 3 p. 0/0 pour subvenir aux dépenses de l'hôpital. Combien de rentes aura-t-on à 3 p. 0/0 au cours de 63 fr. 70 c.?

572. Un navire doit tenir la mer pendant 24 jours, et il n'a plus que pour 14 jours de vivres. A combien doit-on réduire la ration de chaque homme?

573. Quel capital faudrait-il placer à 4 1/2 p. 0/0 pendant 3 ans 7 mois 18 jours pour avoir 2000 fr. d'intérêts ?

574. Quelqu'un a prêté à intérêts composés pendant 11 ans un certain capital à 6 p. 0/0. Au bout de ce temps on lui rembourse 45,800 f. 75. Quel est ce capital?

575. Il a fallu 15 jours à 14 ouvriers pour faire 340 mètres d'ouvrage. Combien faudrait-il de jours à 18 ouvriers aussi habiles que les premiers pour faire 318 mètres de même ouvrage?

576. Quatre compagnies d'ouvriers sont telles que la première ferait un ouvrage en 45 jours, la deuxième en 9 jours, la troisième en 27 jours, et la quatrième en 36 jours. Pour exécuter cet

ouvrage on emploie en même temps les $\dfrac{2}{5}$ des hommes de la 1ʳᵉ compagnie, les $\dfrac{3}{4}$ de ceux de la 2ᵐᵉ, la $\dfrac{1}{2}$ de la 3ᵐᵉ et le $\dfrac{1}{3}$ de la 4ᵐᵉ. Combien de jours leur faudra-t-il pour faire l'ouvrage ?

577. Une personne a acheté 342 fr. 45 de marchandise à 18 fr. 25 le mètre? Elle veut, en les revendant, réaliser un bénéfice de 500 francs sur le tout. Les $\dfrac{7}{9}$ de l'achat ont déjà été vendus 19 fr. 40 c. le mètre. Quel doit être le prix du mètre de ce qui reste encore à vendre ?

578. Un ouvrier travaillant 9 heures par jour a, dans 8 jours, fait une pièce d'étoffe de 45 mètres de long sur 0 m. 75 de large, la difficulté étant 2. On demande combien ce même ouvrier travaillant 8 heures par jour donnerait de longueur à une pièce d'étoffe de 0 m. 80 de large? La difficulté étant 3.

579. 15 ouvriers travaillant 10 heures par jour ont mis 30 jours à creuser un canal de 75 m. 25 de long, sur 3 m. 45 de large et 1 m. 25 de profondeur, la difficulté du terrain étant 5, et l'activité des hommes étant 7. Combien faudra-t-il de jours à 27 ouvriers travaillant 11 jours pour creuser un canal de 138 m. 35 de long, 4 m. 40 de large et 1 m. 85 de profondeur, la difficulté étant 3 et l'activité des ouvriers étant 6?

580. Un commissionnaire achète 15 pièces de drap de 95 mètres à raison de 17 f. 85 c. le mè

tre. Il reçoit 3 p. 0/0 de commission, et le vendeur lui fait remise de 2 1/2 p. 0/0. Quel est son bénéfice ?

581. Une maison qui a coûté 130000 a de réparations pour 1800 fr. et le total des locations s'élève à 25400 fr. Combien cette maison rapporte-t-elle p. 0/0?

582. Un négociant doit payer 4 billets, le premier de 745 fr. a 40 jours, le deuxième de 928 fr. 50 dans 2 mois, le troisième de 2850 fr. 75 dans 2 mois 1/2, et le quatrième de 1920 fr. 60 dans 3 mois. Il veut payer ces quatre billets en un seul. Quand devra-t-il faire ce payement?

583. En ajoutant à un capital les intérêts simples de 3 ans 4 mois à 6 p. 0/0, ce capital devient 15960 fr. 80. Quel est ce capital?

584. Combien faudrait-il de pièces de 10 fr. pour faire équilibre à 3 litres $\dfrac{1}{4}$ de vin de Bourgogne dont la densité est 0,963?

585. On achète de la rente 3 p. 0/0 au cours de 65 fr. 25. On la revend au cours de 69 fr. 80. Combien gagne-t-on p. 0/0?

586. Une personne ayant placé un capital au taux de 5 p. 0/0 a obtenu au bout de 3 ans 8 mois un intérêt qui, ajouté au capital, fait 9580 f. Quel est le capital et quels sont les intérêts?

587. Une fabrique consomme annuellement 67250 kilog. de houille payée 50 f. la tonne avant l'ouverture d'un canal. Maintenant elle ne paye plus que 3 fr. 50 le quintal. On demande quel est, en comptant l'intérêt à 4 1/2 p. 0/0, le capital correspondant au bénéfice que l'établissement du canal a procuré dans la fabrique?

588. En supposant le montant de la souscription pour l'armée d'Italie de 2800000 fr. La cavalerie se montant à 40000 hommes l'infanterie à 150000, l'artillerie à 20000. Supposant $\frac{1}{25}$ de morts sur la cavalerie, $\frac{1}{20}$ sur l'infanterie et $\frac{1}{15}$ sur l'artillerie. Le nombre des blessés s'élevant à $\frac{1}{20}$ pour la cavalerie, $\frac{1}{15}$ pour l'infanterie et $\frac{1}{10}$ pour l'artillerie. Que sera-t-il donné à chacun, sachant que le $\frac{1}{3}$ des familles des soldats morts doivent recevoir dix fois autant qu'un soldat blessé ?

589. Quatre troupes d'ouvriers sont telles que l'une ferait un ouvrage en 45 jours, une autre le ferait en 12 jours, la 3me en 36 jours et la 4me en 28 jours. On prend pour faire cet ouvrage les $\frac{2}{5}$ des ouvriers de la 1re troupe, le $\frac{1}{4}$ de la 2me le $\frac{1}{3}$ de la 3me et le $\frac{1}{7}$ de la 4me. En combien de jours l'ouvrage sera-t-il terminé ?

590. L'alliage employé dans la fabrication des cloches est composé de 8 parties de cuivre et 2 parties d'étain. Le cuivre vaut 4 fr. 25 le kil. et l'étain 5 75. Les frais de fabrication et d'aménagements s'élèvent à 12 p. 0/0 du prix de la matière. Quelle sera la dépense totale pour l'acquisition d'une cloche pesant 1728 kilog ?

591. On vend une récolte de 27 mètres cubes

$\dfrac{7}{8}$ de froment à raison de 57 fr. 45 l'hectolitre en garantissant un poids de 80 kil. par hectolitre, sauf à réduire le prix suivant le poids. Ce froment ne pèse que 78 kilog. l'hectolitre. On demande 1° le prix de cette récolte, 2° le poids total du froment vendu ?

592. Le quotient étant 4, le reste 76, et la différence entre le dividende et le diviseur 380. Quel est le dividende, le diviseur ?

593. Deux courriers partent de Paris et doivent suivre la même route. Le premier fait 5 lieues en 3 heures, et le 2me fait 9 lieues en 4 heures, mais il part 5 heures après le premier. A quelle distance de Paris le second rejoindra-t-il le premier ?

594. Un commerçant porte à l'escompte un billet de 880 fr. à 85 jours, et reçoit 825 fr. 75. A quel taux le lui a-t-on escompté ?

595. Trouver le dividende et le diviseur dont le quotient est 49, le reste 22, et la différence entre le dividende et le diviseur 7078 ?

596. Il reste à un marchand de vin 120 litres de vin à 0,50 c. qu'il veut faire entrer dans un mélange de 580 litres avec des vins à 0 fr. 90, à 0 fr. 75 et à 0 fr. 40, et vendre le litre du mélange 0 fr. 60 c. Combien doit-il prendre de litres des trois dernières qualités ?

597. Un marchand achète 35 pièces de drap de chacun 78 mètres à raison de 18 f. 50 le mètre. Il revend le tout avec un bénéfice de 12 3/4 p. 0/0. On demande le prix d'achat. le prix de vente et le bénéfice du marchand ?

508. On fait couler une fontaine qui débite 15

litres d'eau par minute dans un bassin au $\dfrac{3}{8}$ plein. Ce bassin laisse échapper par une ouverture 6 litres d'eau dans le même temps, et il est entièrement rempli au bout de 12 h. 40 m. Quel est sa capacité en mètres cubes?

599. Un sac renferme 26 kilog. 335 g. $\dfrac{20}{31}$ de monnaie de bronze, d'argent et d'or qui y entre chacune pour la même valeur. Quelle somme contient-il?

600. Rome et Copenhague étant à peu près sous le même méridien ; on propose, d'après cela de déterminer leur distance en myriamètres. Leur latitude boréale, l'une et l'autre, étant de 55 degrés 40 minutes 53 secondes pour Copenhague, et 41 degrés 54 minutes 6 secondes pour Rome. On suppose la terre parfaitement sphérique.

TROISIÈME SÉRIE.

601. Quel est le nombre de degrés d'un arc de 1 m. 85 c. Le diamètre de la circonférence étant 4 m. 8?

602. Quelle est la racine carrée de 187264?

603. L'arc d'un secteur de 1 m. 45 a un rayon de 1 m. 75. Combien cet arc a-t-il de degrés?

604. Quel est le poids d'une colonne de fer de fonte qui a 0 m. 125 millimètres de diamètre, et de hauteur 2 m. 90. Combien coûte-t-elle, le prix du kilog. étant 0 fr. 65?

605. Le litre est un cylindre dont la hauteur est double du diamètre. Quelles sont ces dimensions?

606. Quelle est en litres la contenance d'un seau dont le grand diamètre a 0 m. 28 c. le petit 0 m. 24, et la hauteur 0 m. 42?

607. On veut empiler des pierres sur une surface rectangulaire de 3 m. 35 sur 1 m. 95. A quelle hauteur devra-t-on élever le tas pour qu'il contienne 37 m. 75?

608. Quelle est la racine cubique de 7184059?

609. Une pièce de terre a la forme d'un rectangle dont la base est 128 m. 75 et la hauteur 48 m. 50. Un carré renferme la même superficie. Quel est le côté de ce carré?

610. Un puits a 16 m. 5 de profondeur : le diamètre intérieur est de 1 m. 25, et le diamètre extérieur 1 m. 92. Combien coûte la maçonnerie le prix du mètre cube étant de 27 fr.?

611. L'hypoténuse d'un équerre est 0 m. 05.

Les deux petits côtés étant égaux, quelle est la longueur de chacun, à moins d'un dix millième près?

612. On veut construire un mur en briques de 0 m. 33 c. de longueur, 0 m. 065 d'épaisseur et sur deux rangs. Combien faudra-t-il de briques si le mur a 15 mètres de longueur et 6 m. 8 d'élévation.

Un lingot d'or fondu a 0 m. 25 de longueur sur une largeur de 0 m.09 c. et une épaisseur de 0 m. 05. Quel est son poids, et combien peut-on faire de pièces de 20 francs avec ce lingot? (Le poids spécifique égale 19,2581.

613. Quelle est la surface totale d'une pyramide triangulaire et régulière dont l'apothème a 4 m. 8, et dont la hauteur est 8 m. 75?

614. Une allée circulaire doit être carrelée en briques de 0 m. 12 sur 0 m. 07 de largeur. Ces briques coûtent 0 f. 075. Le grand diamètre de l'allée a 16 m. 85, le petit 3 m. 75. Combien coûteront les briques nécessaires pour ce carrelage?

615. Un trapèze symétrique a pour bases 124 m. 45 et 85 m. 75. La longueur des côtés concourants est 61 m. 35. Quelle est la superficie de ce trapèze?

616. Quelle est la superficie du carré formé dans un cercle dont la surface est 58 mètres?

617. Trouver la superficie d'un triangle isocèle dont la base a 3 m. 45 et le côté 5 m. 35?

618. Trouver la superficie d'un cercle inscrit dans un trapèze symétrique, sachant que la surface du trapèze égale 408 m. 3074, que la grande base a 23 m. 80, la petite base 13 m. 25?

619. Sachant que les surfaces des cercles augmentent comme les carrés des rayons. Quelle serait la surface des deux cercles, l'un de deux mètres de diamètres, l'autre de 4 mètres?

620. On veut tapisser une chambre de 10 m. 60 de longueur sur 5 m. 80 de largeur et 2 m. 85 de hauteur. Combien coûtera le papier si le rouleau a 8 m. 30 de longueur, 0 m. 72 de largeur et coûte 2 fr. 25?

621. Trouver la surface d'un triangle isocèle dont la base a 62 m. 80, et dont le côté a 38 m. 50?

622. Le yard d'Angleterre vaut 0 m. 81438348. Quelle serait en yards la longueur du côté d'un carré de 1800 m. carrés de superficie?

623. Trouver la surface d'un octogone régulier inscrit dans un cercle de 25 m. 80 de rayon, et dont l'apothème a 19 m. 40?

624. On veut acheter de la terre végétale pour faire un parterre dans une cour. Ce parterre se compose de deux plates-rondes ayant 24 mètres de longueur sur 0 m. 75 de largeur, de deux plantes-bandés de 10 m. 50 de longueur, 0 m. 80 c. de larg. et d'un cercle de 3 m. 70 de diamètre. La hauteur de la couche végétale doit avoir 8 m. 15 c. d'épaisseur. Combien coûtera-t-elle à raison de 2 fr. 50 le mètre cube?

625. Trouver le côté de l'angle droit d'un triangle rectangle, sachant que l'hypoténuse a 18 m. 25 et l'autre côté 15 m. 43.

626. Quel est le poids d'une meule en pierre de forme cylindrique ayant 2 m. 25 de diamètre et 55 cent. de hauteur La densité étant 2,244.

627. Une table qui se trouve au muséum d'his-

toire naturelle est faite d'un seul morceau. Elle a 8 m. 15 de circonférence. En supposant à l'arbre dont elle provient une égale grosseur et une élevation de 40 mètres. Combien cet arbre contiendrait-il de stères?

628. La densité de l'air est 10466 fois plus petite que celle du mercure. Sachant qu'un litre de mercure pèse 13 k. 598. Que peserait un litre d'air?

629. Trouver la diagonale d'un carré qui a 5 m. 45 de côté.

630. Trouver la diagonale et la surface d'un rectangle qui a pour base 22 m. 50 et pour hauteur les $\dfrac{2}{5}$ de la base.

631. Trouver la superficie d'un cercle inscrit dans un trapèze, sachant que la surface égale 5017 m. 25, que la grande base a 218 m., la petite base 180 m?

632. Calculer l'expression fractionnaire

$$\dfrac{385, \times \sqrt{39728,557}}{4840 \times 79 \times \sqrt{5864,9}}$$

633. Une fontaine de forme cylindrique a 0 m. 65 de diamètre sur 1 m. de hauteur. 1o Un robinet peut vider cette fontaine en 50 m. ; 2° un 2me robinet peut la vider en une heure. On remplit la fontaine, puis on ouvre à la fois les deux robinets. 1° Dans combien de temps sera-t-elle vidée; 2° quelle est la capacité de cette fontaine; 3° combien de litres s'écouleront par chaque robinet?

634. Un piéton s'est engagé à faire un trajet en 8 heures ; il n'est arrivé qu'à 11 heures 18

minutes 25 secondes, et il était parti à 3 heures 4 m. 30 s. De combien est-il en retard ?

635. Un père a 40 ans et son fils 4 ans. Dans combien d'années l'âge du fils sera-t-il le $\dfrac{1}{4}$ de celui du père ?

636. Trouver la surface d'un secteur dont l'arc a 52° 15' 40" et le rayon 23 m. 80.

637. Une personne veut faire l'aumône à des pauvres et désirerait donner à chacun 40 centimes ; mais il lui manque 1 f. 20 ; alors elle donne à chacun 30 centimes et il lui reste 10 c. Combien y avait-il de pauvres et quelle somme possédait cette personne ?

638. La surface d'un trapèze est 1480 m. 28, la hauteur 42 m. 25 et l'une des bases est le triple de l'autre. Trouver les deux bases ?

639. Quel est le poids d'une sphère de cuivre creuse de 0 m. 25 de rayon et de 0 m. 25 d'épaisseur ?

640. Un cylindre vide pèse 12 k.75 grammes, Rempli d'eau distillée il pèse 95 k. 328 g. Le rayon de la base est 0 m. 18. Trouver la hauteur.

641. Quelqu'un demandait au maire d'un village combien il y avait d'habitants dans sa commune. Ce maire répondit : Si vous ajoutez les $\dfrac{3}{5}$ le $\dfrac{1}{4}$ et les $\dfrac{3}{7}$ du nombre des habitants vous en trouvez 195 de plus qu'il n'y en a. Combien y a-t-il d'habitants ?

642. Une cuve de forme cylindrique a pour diamètre 2 m. 20 et pour hauteur 1 m. 80. Combien peut-elle contenir d'hectolitres ?

643. L'hypoténuse d'un triangle rectangle est de 32 m. 80; la base est 28 m. 50. Trouver la surface du triangle?

644. Lorsqu'il est une heure à Paris, quelle heure est-il 1° à 45 degrés longitude orientale; 2 à 45 degrés longitude occidentale?

645. Lorsqu'il est une heure à Paris, à quel degré de longitude est il 2 h. 40 m.?

646. La surface d'un trapèze est de 72 m.0424. La hauteur est 3 m. 25, l'une des bases 16 m. 80. Trouver l'autre base?

647. Il est 11 heures au 7me degré longitude occidentale. Quelle heure est-il au 23me degré longitude orientale?

648. La surface d'un cercle égale 38 m. 72. Trouver la circonférence.

649. Chercher le poids d'une sphère en cuivre connaissant le rayon qui est de 0 m. 184. La densité du cuivre étant 8,788.

650. Quand il est 6 h. 1/2 du soir à Paris, il est à Saint-Pétersbourg 8 h. 25 m. et à Bruxelles 6 h. 38 m. Quelle est la longitde de ces deux villes?

651. Combien y a-t-il de triangles équilatéraux de 0 m. 25 de côté pour couvrir un parquet de 5 m. 25 sur 3 m. 80?

652. Les murs d'un salon ont 18 m. 45 de développement. On veut les couvrir sur une hauteur de 2 m. 25 d'une étoffe de 0 m. 45 de largeur et qui coûte 7 fr. 25 le mètre. Combien coûtera l'étoffe nécessaire pour tapisser ce salon?

653. Le gouvernement a fait entreprendre un ouvrage qui exigeait 3 ans 5 mois 8 jours de travail. Il y a fait travailler une première année

8 mois 12 jours 9 heures, une deuxième année
11 mois 14 jours, et la 3ᵐᵉ année 7 mois, 20
jours 6 heures. Pour combien de temps reste-t-
il d'ouvrage à faire. La journée de travail étant
de 11 heures?

654. Un fossé de 27 mètres de long sur 1 m.
95 de large et 1 m. 45 de profondeur a été fait
en 16 jours, par 48 ouvriers travaillant 9 heures
par jour. Combien faudrait-il que 44 ouvriers
aussi habiles que les premiers travaillassent
d'heures par jour pour faire, dans le même terrain et en 12 jours un fossé de 30 m. de long sur
1 m. 75 de large et 1 m. 15 de profondeur?

655. 4 personnes ont à se partager 18500 fr.
que laisse une personne en faillite. Elle doit à
la première 1500 fr., plus les intérêts composés à
4 p. 0/0 pendant 5 ans; à la deuxième 19000 fr.
plus les intérêts simples depuis 18 mois; à la
troisième 6000 fr. depuis 7 mois à 6 p. 0/0, et
enfin à la quatrième 9500 fr. à 6 3/4 p. 0/0 depuis 5 mois. Combien chaque créancier doit-il
recevoir?

656. Un ouvrier a travaillé une première semaine pendant 5 jours 7 heures 35 minutes, une
deuxième 4 jours 6 heures 25 minutes, une troisième 4 jours 5 heures 25 minutes, une quatrième 3 jours 9 heures 15 minutes. Combien lui
doit-on s'il gagne 4 fr. 45 par journée de 11
heures?

657. Trouver au moyen des logarithmes le
produit de 459 par 45.

658. Trouver au moyen des logarithmes le
produit de 287976 par 795008.

659 Le diamètre du bouge d'un tonneau est

0 m. 92, le diamètre moyen des fonds, 0 m. 85, et la longueur à l'extérieur d'un fond à l'autre 1 m. 08. Combien ce tonneau contient-il d'hectolitres?

660. Trouver au moyen des logarithmes le produit de 0 m. 425 par 1,45.

661. Le rayon d'une circonférence est 0 m.65. Quelle est la longueur de cette circonférence?

662. Une circonférence a 4 m. 25. Quelle est, à moins d'un millimètre près, la longueur du diamètre?

663. Quelle est la superficie d'un cercle dont le diamètre a 1 m. 85.

664. Un homme est né le 20 novembre 1802 à 5 heures du soir. Quel âge a-t-il le 25 avril à 8 heures du soir?

665. Trouver au moyen des logarithmes le quotient de 71895 par 148.

666. Trouver au moyen des logarithmes la racine carrée de 7819475.

667. Quel rayon faut-il prendre pour tracer un cercle qui renferme 12 mètres carrés?

668. Une roue dont la circonférence a 5 m. 50 engrène avec une autre qui n'a que 0 m. 15 de rayon. Combien celle-ci fait-elle de tours pendant que la grande en fait un seul?

669. Trouver au moyen des logarithmes le quotient de 0,195 par 8,35.

670. Trouver au moyen des logarithmes le produit de 79518 élevés à la cinquième puissance.

671. Un tonneau a de longueur, les fonds compris, 58 centimètres, le diamètre du bouge est

de 35 centim, et le diamètre moyen₃ des fonds 0 m. 32 c. Quelle est en litres la capacité de ce tonneau ?

672. Trouver au moyen des logarithmes la racine cubique de 9180517492.

673. Trouver au moyen des logarithmes la racine quatrième de 14331920656.

674. Un rectangle a 27 m. 35 de base, et 7 m. 03 de hauteur. Quelle est sa superficie?

675. Un ouvrier doit faire un modèle pour fondre une roue qui doit avoir 144 dents de 0 m. 02 d'épaisseur et l'espace entre deux dents 0 m. 025. Quel rayon doit-il prendre?

676. Quel rayon faut-il prendre pour construire une roue qui doit faire 10 tours pendant qu'une autre de 3 m. 25 de diamètre, avec laquelle elle engrène en fera un seul?

677. La superficie d'un rectangle est 2815 m. La base est de 95 m. 75. Quelle est la hauteur?

678. La base d'un rectangle est de 36 mètres et la diagonale 41 m. 25. Quelle est la superficie de ce rectangle ?

679. Quelle est la superficie d'un carré qui a 48 m. 25 de côté?

680. Quelle est la superficie d'un carré dont la diagonale a 51 m. 725.

681. Quel est le côté d'un carré qui renferme 1858 m. de superficie?

682. Quelle est la superficie d'un parallélogramme dont la base est 48 m. 34 et la hauteur 15 m. 17?

683. Un parallélogramme a une hauteur de 19 mètres, et sa superficie est de 585 m. 60. Quelle est sa hauteur?

684. Un triangle á 7 m. 25 de base et 5 m. 08 de hauteur. Quelle est sa superficie?

685. La superficie d'un triangle est 148 mètres, sa hauteur 15 m. 08. Quelle est sa base?

686. Les trois côtés d'un triangle sont 150 m. 45, 208 m. 25 et 180 m. 75. Quelle est sa superficie?

687. La grande base d'un trapèze est de 38 m. 45, la petite base 27 m. 75, et la hauteur 16 m. 08. Quelle est sa superficie?

688. Un trapèze renferme 485 mètres de superficie, et les bases sont 49 m. et 35 m. 09. Qnelle est la hauteur?

689. La grande base d'un trapèze est de 58 m. la hauteur 12 m. 05 et sa superficie 675 m. 40. Quelle est la petite base?

690. Le côté d'un losange est de 18 m. 25, la hauteur 7 m. 75. Quelle est sa superficie?

691. Les deux diagonales d'un losange sont 108 m. 75 et 64 m. 40. Quelle est la superficie?

692. Les petits côtés d'un triangle rectangle sont 9 m. 75 et 7 m. 45. Quelle est sa superficie?

693. L'hypothénuse d'un triangle a 7 m. 85, un des petits côtés a 4 m. 06. Quelle est la superficie de ce triangle?

694. Les deux petits côtés d'un triangle rectangle sont égaux, et l'hypothénuse a 21 m. 85. Quelle est sa superficie?

695. L'arc d'un secteur est de 65 degrés, le rayon 0 m. 75. Quelle est la superficie de ce secteur?

696. Un arc de 50 degrés a 1 m. 75. Quelle est la longueur de la circonférence dont cet arc fait partie?

697. Un cylindre complet a pour rayon 0 m. 03 et pour hauteur 0 m. 8. Quelle est la surface totale et la surface courbe?

698. La surface courbe d'un cylindre complet étant de 2 m. 25, le diamètre 0 m. 41. Quelle est la hauteur?

699. Le grand diamètre d'un manchon cylindrique est de 0 m. 8 le petit diamètre 0 m. 3, et la hauteur 1 m. 45. Quelle est la surface totale.

700. Un cylindre tronqué a 0 m. 4 de rayon? La plus grande droite de la surface courbe est de 0 m. 85, la plus petite 0 m. 74. Quelle est la surface courbe?

701. Quelle est la surface totale d'un cône droit et circulaire dont le diamètre a 0 m. 58 et une droite de la surface courbe 0 m. 55, puis la surface courbe?

702. Quelle est la surface d'une sphère dont le diamètre est 1 m. 4

703. Quel est le diamètre d'une sphère dont la surface égale 2 m. 45?

704. Quel est le rayon d'une circonférence qui renferme 75 m. 25 de superficie?

705. Quel est le volume d'une sphère dont le rayon = 0 m. 45?

706. Quel est le rayon d'une sphère dont le volume égale 0 m. 478716?

707. La hauteur d'une calotte sphérique égale 0 m. 25. Le diamètre de la sphère dont cette calotte fait partie égale 0 m. 92. Quelle est la surface de cette calotte sphérique?

708 La surface courbe d'une calotte sphérique est de 0 m. 375, le diamètre de la sphère 0 m. 85. Quelle est la hauteur de la calotte?

709. Une zone sphérique a de hauteur 0 m.15, et le diamètre de la sphère est de 0 m. 78. Quelle est la surface courbe de cette zone sphérique?

710. Un prisme rectangle a de largeur 1 m.05, d'épaisseur 0 m. 15 et de longueur 2 m. 5. Quelle est sa surface totale, et, quel est son volume?

711. Un prisme triangulaire droit a une base de 0 m. 25 sur 0 m. 18 et de longueur 2 m. 5. 1° Quelle est sa surface totale et 2° quel est son volume?

712. Une pierre creusée a intérieurement un rectangle pour base. Les côtés qui forment cette base ont 1 m. 55 et 0 m. 60; l'élévation est 0 m. 88. Quelle est sa capacité en hectolitres?

713. Un cube a 0 m. 55 d'arête. Quel est son volume en décimètres cubes?

714. Le volume d'un cube est 155 d.c. 725 cc. Quelle est, à moins d'un millimètre près, la longueur de l'arête?

715. La base d'un tronc de prisme triangulaire et droit est de 0 m. 18, la hauteur 0 m. 12 et les arêtes ont 0 m. 85. 0 m. 78, et 0 m. 65. Quel est en décimètres, le volume de ce tronc de prisme?

716. Quel est le volume d'une pyramide triangulaire dont la base a 2 m. 75 sur 1 m. 44, et dont l'élévation est de 5 m. 8?

717. Le volume d'une pyramide est de 1ᵐ 248ᶜ. On sait que la surface de la base est de 0 m.758. Quelle est la hauteur de cette pyramide?

718. Le diamètre d'un cylindre est de 0 m.75, sa hauteur 1 m. 12. Quel est son volume en décimètres cubes?

7!9. Quelle est en litres, la capacité d'un cylindre creux dont le diamètre égale 0 m. 28, et la
hauteur 0 m. 50?

720. Un vase de forme cylindrique doit contenir 200 litres et avoir une hauteur double de son
diamètre. Quelle hauteur faut-il lui donner?

721. Le grand diamètre d'un manchon cylindrique égale 1 m. 25, le petit diamètre 0 m. 60.
Quel est le volume des parois, sachant que la
hauteur est 2 m. 16?

722. Quel est le volume d'un tronc de cône à
bases parallèles, si le diamètre de la grande
base égale 0 m. 48, le rayon de la petite base
0 m. 18, et la hauteur 0 m. 85?

723. Quel est le volume d'une sphère dont le
diamètre est 0 45?

724. La surface totale d'une sphère est de 1 m.
72. Quel est son volume en décimètres cubes?

725. Les dimensions d'une barre d'acier sont :
longueur 2 m. 5, largeur 0 m. 18, épaisseur 0 m.
04. Combien pèse-t-elle de kilog.?

726. Quel est le poids de l'air renfermé dans
un salon qui a de longueur 7 m. 25, de largeur
5 m. 40, et dont l'élévation est de 3 m. 34?

727. Un tonneau contient 216 litres de vin et
pèse 227 kilog. 5 décag. Quel est le poids du
tonneau vide?

728. Une poutre de sapin de 16 mètres de
longueur sur 0 m. 41 d'écarrissage d'une face,
et 0 m. 58 c. de l'autre. Quel est son poids en
kilog.?

729. Un lingot d'or fondu a 0 m. 25 de longueur sur une largeur de 0 m. 09 et une épaisseur de 0 m. 05. Quel est son poids, et combien

peut-on faire de pièces de 20 francs avec ce lingot?

730. Un tube de forme cylindrique rempli de mercure a 0 m. 006 de diamètre ; sa hauteur est 0 m. 45. Quel est le poids du mercure contenu dans ce tube?

731. Un arbre en fer a 0 m. 38 c. de diamètre sur une longueur de 5 m. 74. Combien pèse-t-il?

732. Un lingot d'argent pur a 0 m. 72 de longueur sur une largeur de 0 m. 21 et une épaisseur de 0 m. 15. Combien peut-on faire de pièces de 5 francs avec ce lingot?

733. Un poitrail en chêne a 7 m. 4 de longueur sur 0 m. 38 carrés. Quel est le poids de cette pièce de bois?

734. L'hectolitre a une hauteur double de son diamètre. Déterminer cette hauteur.

735. Un pentagone renferme 1785 mètres de superficie. Quel serait le côté d'un carré qui aurait une superficie égale à celle de ce pentagone?

736. Un carré renferme 785 mètres de superficie. Quelle est la hauteur d'un triangle qui a une base égale à celle de ce carré et qui renferme une superficie double de celle du carré ?

737. Un tonneau rempli d'huile d'olive pèse 192 kilog. Le tonneau vide pèse 18 kilog. Combien de litres contient-il d'huile d'olives ?

738. On veut construire un tonneau qui contienne 925 litres et que le diamètre du bouge soit 1 m. 05, celui des fonds 0 m. 92. Quelle longueur faut-il lui donner?

739. Un ouvrier fait 2 m. 48 d'un ouvrage par jour. Combien aura-t-il fait de mètres au bout

de 15 jours 7 heures 35 minutes. La journée de travail étant de 12 heures?

740. Un terrain de 22 h. 45 ares a été vendu 18500 fr. Quel serait le prix d'un champ de même nature ayant 358 mètres de longueur et 148 mètres de largeur?

741. La lieue marine est de 2280 toises, la toile se compose de 6 pieds, le pied de 12 pouces et le pouce de 12 lignes. Le mètre vaut, en anciennes mesures 3 pieds, 11 lignes, $\dfrac{296}{1000}$ de ligne. Quelle est, à moins d'une toise près, la longueur du méridien terrestre?

742. Un renard poursuivi par un lièvre a 60 sauts d'avance lorsque le levrier se met à sa poursuite ; pendant que le renard fait 8 sauts, le levrier n'en fait que 5 ; mais 4 sauts du levrier en valent 7 du renard. Combien de sauts le levrier fera-t-il avant d'atteindre le renard?

743. Trois billets qui valent ensemble 2790 fr. ont été escomptés en dehors à 5 p. 0/0. Le premier est à 7 mois, le second à 5 mois, le troisième à 4 mois. On a perdu sur le premier autant que sur les deux autres ensemble, et sur le deuxième 1 franc de moins que le tiers de ce que l'on a perdu sur les deux autres ensemble. Quelle est la valeur de chaque billet?

744. Simplifier $\dfrac{5481 \times 32 \times 132,75}{36927 \times 64 \times 25}$ avec racine 3ᵉ et avec deux décimales à la racine.

745. La superficie d'un cercle égale 138ᵐ4678. Quelle est la superficie d'un hexagone inscrit dans ce cercle?

746. 18 ouvriers travaillant 12 heures par jour ont mis 23 jours à creuser un fossé de 122 m. 50 de long, 2 m. 25 de largeur, et 1 m. 35 de profondeur. Combien faudra-t-il de jours à 15 ouvriers travaillant 10 heures par jour pour creuser un autre fossé de 95 m. 35 de long, sur 3 m. de large et 1 m. 15 de profondeur? Les deux fossés étant dans les mêmes conditions de terrain.

747. Un cercle a pour surface 48 m. 72. On demande son rayon et sa circonférence.

748. Un carré a pour surface 168 m. 40. Quelle est sa diagonale?

749. Trouver le rayon d'un cercle équivalent à un trapèze dont la grande base a 45 m., la petite 34 m. 25, et la hauteur 16 m. 80.

750. 15 60 fr. placés à 7 1/4 p. 0/0 ont rapporté 6300 fr. d'intérêts simples. Combien de temps sont-ils restés placés?

751. La surface de deux carrés égaux est équivalente à la surface d'un triangle ayant 100 m. de base et 50 mètres de hauteur. Quel est le côté de ces carrés?

752. Trouver la hauteur d'un triangle dont la surface est équivalente à celle d'un cercle de 6 m. de rayon, sachant que la base du triangle est de même longueur que le diamètre du cercle?

753. 28 ouvriers travaillant pendant 15 jours et 11 heures par jour ont creusé un fossé de 80 mètres de longueur sur 1 m. 90 de largeur et 1 m. 30 de profondeur. Quelle serait la longueur d'un fossé que pourraient creuser en 58 jours 50 ouvriers travaillant 10 heures par jour. La largeur étant 2 m. 25 et la profondeur 1 m. 80.

754. La surface d'un triangle est de 51ᵐ0854. La base est de 15ᵐ58. Quelle est la hauteur?

755. Une personne a gagné 78 fr. 25 en 12 jours 7 heures 40 minutes, la journée de travail étant de 11 heures, quel est le prix de la journée?

756. Sachant qu'un mètre carré de macadam revient à 1 fr. 75. On demande la dépense occasionnée pour macadamiser une rue ayant 475 m. de longueur sur 5 m. 48 de large, déduction faite des trottoirs dont la largeur est de 1 m. 28 de chaque côté?

757. Un rectangle a pour surface 748 m. 0048; sa hauteur étant 56 m. On demande la base et son périmètre.

758. On voudrait parqueter une salle de 6 m. 50 de long sur 4 m. 20, de large avec des planches de 0 m. 68 de long sur 0 m. 18 de large. Combien en emploierait-on, et quelle serait la dépense si le mètre carré coûte 4 fr. 75?

759. Quel est le volume d'un cylindre de 7 m. 85 de hauteur et 3 m. 25 de rayon?

760. Quelle est la surface latérale d'un cylindre de 9 m. 28 de hauteur et 2 m. 45 de diamètre?

761. Un puits de 54 m. 25 de profondeur et de 1 m. 75 de diamètre est rempli d'eau au $\dfrac{3}{4}$ Evaluer en hectolitres et en litres l'eau qu'il contient.

762. Un père veut, par son testament, que ses trois fils se partagent son bien de la manière suivante : L'aîné 3000 fr. de moins que la moitié de tout l'héritage, le second 2400 fr. de moins que le tiers de tout le bien, le troisième 1800 fr.

de moins que le quart du bien. Quel est le bien du père et quelle est la part de chaque héritier?

762. L'hectolitre de blé pèse, en moyenne, 74 kilog. Quel sera le volume occupé par un décagramme de blé?

763. Une terre à froment de 3 h. 25 ares a rapporté 59 hectolitres de froment pesant 75 kil. l'hectolitre. Si on l'avait ensemencée en pommes de terre, le rendement aurait été en poids 13 fois plus considérable. On demande : 1° Combien de kilog. de pommes de terre on aurait obtenus dans la même terre; 2° quel serait en kilog. le rendement en pommes de terre par hectare?

764. Combien a-t-il fallu de tombereaux pour enlever la terre retirée d'un trou de 5 m. 48 de large sur 6 m. 94 de long et 7 m. 75 de profondeur. La capacité d'un tombereau étant 1ᵐ 504.

765. 152 kil. 5 hect. de fer ont coûté 65 fr. 80 Le fer pèse à volume égal 7 fois 788 millièmes plus que l'eau. On demande quel sera le prix de 728 centimètres cubes de fer?

766. Quelle est la circonférence d'une sphère ayant 68 m. carrés 7415 de superficie?

767. L'exploitation et les impositions d'une terre de 75 a. 84 c. ont coûté 243 fr. 50 c. Le produit se compose de 14 hectolitres de blé valant 21 fr. 50, et d'une certaine quantité de paille évaluée 35 fr.; d'un autre côté, le revenu de la terre est de 2,8 p. 0/0 de la valeur. On demande 1°, la valeur de cette terre ; 2°, le prix de l'hectare?

768. 100 kil. d'orge donnent 80 kilog. de malt pesant à peu près 61 kil. à l'hectolitre; d'une autre part, il faut 39 hectolitres de malt pour fabri-

quer 71 hectolitres de bière. On demande combien il faut d'orge pour faire un hectolitre de bière?

769. Le produit annuel de l'argent à la surface du globe s'élève à 122167 kilog. En supposant cet argent pur, on demande : 1° Combien de pièces de 5 francs on pourrait fabriquer avec cet argent ; 2° quel en serait le volume, sachant qu'un centimètre cube pèse 10 gr. 45 c.

770. Combien contiennent de décistères 175 planches ayant chacune 4 m. 25 de longueur, 0 m. 035 mill. d'épaisseur et 0 m. 235 mm. de largeur?

771. Une tour circulaire a de diamètre extérieur 4 m. 75, pour diamètre intérieur 1 m. 95, et de hauteur 17 m. 80. Quel est le volume de la maçonnerie?

772. Une cuve a de hauteur 2 m. 60. Le plus grand diamètre a 1 m. 90, et le plus petit 1 m. 60. Combien contient-elle de litres?

773. Un trou de forme rectangulaire a 7 m. 6 de profondeur, 3 m. 45 d'une face et 1 m. 85 de l'autre. Combien a-t-on enlevé de mètres cubes pour le creuser?

774. Une pièce de bois, dont la base présente un rectangle, a 0 m. 75 sur 0 m. 48, et de hauteur 7 m. 40. Combien contient-elle de décimètres cubes?

775. Un bassin circulaire a de profondeur 3 m. 25 et de circonférence 3 m. 4. Combien contient-il d'hectolitres?

776. Quel est le volume d'une voûte en pierre à plein cintre, dont l'arc a 160 degrés, le petit rayon 4 m. 75, et le grand 5 m. 24?

777. Quel est le poids d'une colonne de fer de fonte, dont la hauteur a 4 m. 20 et le rayon 0 m. 12?

778. Un tonneau a 1 m. 25 de longueur, le diamètre du bouge 1 m. 05, et celui des fonds 0 m. 94. Combien contient-il de litres?

779. Un boulet de canon a 0 m. 075 de rayon. Quel est son poids?

780. Un hexagone a 12 m. 25 de côté. Quelle est sa superficie?

781. Les roues d'une locomotive ont 1 m. 25 de rayon et font 5 tours par seconde. Combien cette locomotive mettra-t-elle de temps à parcourir 1850 kilomètres?

782. Un cercle a de rayon 7 m. 25. La circonférence d'un autre est 31 m. 75. Quelle est la différence de leur superficie?

783. Une salle a de longueur 6 m. 50 et de large 5 m. 75. Combien peut-elle contenir d'élèves, si chaque élève occupe 0 m. 72 décimètres carrés?

784. On demande la superficie d'un triangle dont les côtés sont 17 m. 25, 30 m. 8 et 36 m.

785. Une rue de 2150 mètres de longueur et 7 m. 80 de largeur doit être pavée avec des pavés de 0 m. 15 carrés. Combien coûtera le pavage de cette rue, si la pose de chaque pavé, réunie au prix d'achat, coûte 0 fr. 55?

786. Un parc est terminé à l'un de ses angles par un fossé demi circulaire. Trouver la capacité, sachant que le grand rayon égale 75 m. 25, le petit 72 m. 90, et la profondeur 4 m. 80.

787. On a des poids égaux de monnaie d'argent et de bronze. L'argent vaut, à poids égal,

vingt fois plus que le bronze. La valeur de ces deux sommes est de 420 fr. 1° Quel est le poids total de ces deux sommes ; 2° quelle est la valeur de l'argent?

788. Quelle est la différence des carrés de 75 et 76, et combieu de fois cette différence contient-elle le petit nombre?

789. Si l'on élève 75 et 76 à la troisieme puissance, quelle sera la différence, et combien de fois cette différence contiendra t-elle le petit nombre?

790. Deux personnes font chacune une acquisition. L'une possédait 216 fr. et l'autre 164 fr. La première gague sur son marché une certaine somme, et la seconde perd sur le sien autant que la première gagne, et la première se trouve avoir 4 fois plus d'argent que la seconde. Combien cette dernière a-t-elle perdu?

791. Une personne perd les $\frac{3}{8}$ de ce qu'elle possédait, puis elle augmente des $\frac{5}{9}$ ce qui lui reste, et après avoir dépensé 450 fr. il lui reste encore 7200 fr. Quelle somme avait-elle d'abord?

792. Un ouvrier ferait un ouvrage en 12 jours 8 heures, un autre le ferait en 10 jours 5 heures, un troisième en 9 jours 6 heures, et un quatrième en 8 jours, la journée de travail étant de 12 heures. Combien ces 4 ouvriers mettront-ils de temps pour faire cet ouvrage s'ils travaillent ensemble?

793. Un robinet donne 28 litres d'eau par minute. Il remplit ainsi un bassin en 1 jour 12 heures 50 minutes. Combien le bassin contient-il de

mètres cubes, si, pendant qu'il se remplit, il perd 680 litres par une ouverture?

794. Cinq associés ont fait un bénéfice de 208000 fr. La mise du deuxième est égale à celle du premier, plus 5000 fr.; celle du troisième surpasse celle du deuxième de 3600 fr. celle du quatrième surpasse celle du troisième de 1500 fr. Quant au cinquième, il n'a rien mis, et a, comme gérant 3 p. 0/0 du bénéfice. Quelle est la part de chaque associé?

795. On fond ensemble 60 centimètres cubes 8 dixièmes de plomb, et 48 centimètres cubes $\frac{1}{2}$ d'étain. La densité du plomb est 11,3523, celle de l'étain est 7,2914. Quel est le poids de l'alliage?

796. La somme de trois nombres est 1080. Le 2me surpasse le premier de 45, et le 3me surpasse le 2me de 435. Quels sont ces trois nombres?

797. Un bassin contient 8 mètres cubes d'eau, et a 3 robinets : l'un qui sert à l'alimenter, le remplit en 18 heures. Des deux autres qui servent à le vider, l'un en laisse échapper 5 litres par minutes, et l'autre 6 litres. En combien de temps le videra-t-on, si on laisse couler en même temps les trois robinets?

798. Pour creuser un trou de forme rectangulaire ayant 5 m. 45 de long, 4 m. 50 de large et 2 m. 90 de profondeur, on a d'abord employé 6 ouvriers pendant 18 heures. Chacun enlevait 360 décimètres cubes par heure. Le reste a été enlevé en 7 heures par 4 ouvriers. Combien enlevaient-ils chacun de décimètres cubes par heure?

799. Une pierre creusée en forme de rectangle

a intérieurement 2 m. 3 de longueur, 1 m. 05 de large et 0 m. 78 de profondeur. Combien contient-elle de litres?

800. Trois carrés ont respectivement 0 m. 75, 0 m. 80 et 0 m. 60 de côté. Calculer le côté d'un carré équivalent à la somme des trois premiers carrés.

801. Quel est le prix d'une poutre de 8 m. 95 de long, 0 m. 95 de hauteur et 0 m. 84 de largeur à raison de 108 f. le stère?

802. Un cercle a pour circonférence 24 m. 68. Trouver le côté d'un carré équivalent à la surface de ce cercle?

803. La surface d'un triangle étant 756 m 24, et la hauteur 38 m. 25. On demande chacune des bases dont l'une est triple de l'autre?

804. L'un des côtés d'un triangle rectangle a 4 m. 75, l'autre 7 m. 55. Quel est l'hypothénuse?

805. L'hypothénuse d'un triangle rectangle a 16 m. 80, l'un des côtés 5 m. 70. Quel est l'autre côté?

806. L'hypothénuse d'un triangle rectangle isocèle a 48 m. 90. Trouver la surface du triangle.

807. Un triangle équilatéral a 35 m. 75 de côté. Quelle est sa surface?

808. La surface d'un cercle est 4810 mm. 751. Quelle est la surface d'un cercle inscrit dans le carré auquel le 1er cercle est circonscrit?

809. Quel rayon faut-il prendre pour décrire un cercle qui contienn e 275. 7785 de superficie?

810. Le périmètre d'un rectangle égale 2016

mètres. L'un des côtés a 453 mètres. Quelle est la diagonale?

811. Quelle est la surface d'une couronne dont le grand rayon a 1 m. 25, et le petit 0 m. 18?

812. Les $\dfrac{3}{4}$ de la surface d'un carré sont égaux à 384 mm. 58?7. Trouver le côté du carré et la diagonale?

813. La surface d'un cercle égale 48^{mm}54. Trouver son rayon et sa circonférence?

814. Quel est le logarithme de 918795?

815. La capacité d'un puits est de 1428 h. 48 litres. La profondeur 16 mètres. Trouver son diamètre

816. Un jardin de forme rectangulaire a 138 mètres de long sur 36 mètres de large. Trouver sa diagonale?

817. Trouver le volume d'un prisme droit ayant pour base un carré de 0 m. 85 de côté, et 3 m. 28 de longueur?

818. Trouver la surface d'un triangle équilatéral ayant 36 m. 85 de côté.

819. Le périmètre d'un hexagone étant 27 m. 30. Trouver la surface. Une chambre a 5 m. 75 de long, 4 m. 15 de large, et 3 m. 45 de hauteur. Trouver le volume d'air, son poids, sachant qu'un litre d'air pèse 1 g. 33.

820. Quelle est la surface d'une sphère ayant 1 m. 76 de rayon?

821. Quelle est la surface d'un secteur dont l'arc a 48 degrés 50 minutes et dont le rayon a 12 m. 75?

822. Quelle est la surface d'un cube dont l'une

des faces a 8^{mm}9824, et quel est le volume du même cube?

823. La surface totale d'un cube est de 25^{mm}7825. Quelle est l'arrête ?

824. Un bassin a 7 m. 25 de long, 4 m. 08 de large, et 2 m. 84 de profondeur. Quelle est sa capacité en hectolitres ?

825. Quelle heure est-il lorsqu'il est les $\dfrac{2}{3}$ des $\dfrac{3}{4}$ des $\dfrac{4}{9}$ de midi?

826. Quel est le volume d'une sphère de 1 m. 08 de rayon ?

827. Quel est le volume d'une sphère dont la surface est de 35 mm.7851?

828. Un berger interrogé sur le nombre de ses moutons répond : Si vous ajoutez le $\dfrac{1}{3}$, le $\dfrac{1}{4}$ et les $\dfrac{3}{8}$ de mon troupeau, vous trouverez 26 moutons de plus que je n'en ai. Combien ce berger avait il de moutons?

829. Un cylindre de laiton de 0 m. 015 de diamètre a été passé à la filière, et n'a plus que 0 m. 005 de diamètre .Quelle est sa longueur? Elle était de 4 m. 25 avant l'opération.

830. Un enfant ayant joué aux billes a augmenté le nombre de ses billes de $\dfrac{1}{3}$; le lendemain il a encore joué, et son dernier nombre s'est accru de $\dfrac{1}{4}$; le surlendemain il a joué de nouveau, et le nombre de 'a veille s'étant accru de

nouveau de $\dfrac{2}{5}$ il s'est trouvé possesseur de 63 billes. Combien en avait-il d'abord ?

831. Un élève rentre en classe avec un certain nombre d'oranges, et sans en couper une seule; il en donne au directeur le $\dfrac{1}{3}$ plus deux oranges plus $\dfrac{2}{3}$ d'oranges; à son professeur le $\dfrac{1}{6}$ du nombre total, plus une orange, plus $\dfrac{1}{3}$, et à un de ses camarades le $\dfrac{1}{7}$ du nombre total plus $\dfrac{6}{7}$ d'orange, et retient pour lui 3 oranges. Combien en avait-il ?

832. Un vase de forme cylindrique a 1 m. 15 de diamètre. Quel est sa hauteur s'il contient 2857 litres ?

833. Combien pèse une sphère en marbre de 1 m. 755 de circonférence, la densité étant 2,837.

834. Quel est le volume du tronc cône dont le rayon de la grande base égale 1 m. 75, celui de la petite base 0 m. 84, et la hauteur 2 m. 92.

835. Combien la terre parcourt-elle de mètres par seconde de temps à l'équateur, sachant que sa révolution diurne s'accomplit en 23 heures 56 minutes 4 secondes ?

836. Convertir en années les nombres suivants qui désignent le temps des révolutions des planètes autour du soleil. Mercure 87 jours 969 millièmes, Vénus 224 j. 701. La Terre 365 j. 256, Mars 686 j. 980, Jupiter 4332 j. 585, Saturne

10759 j, 220, Uranus 30686 j. 820, Neptune 60127 jours.

837. Extraire la racine carrée de
586739745467,55.

838. Trouver au moyen des logarithmes le produit de 718054738 par 17973058.

839. Un vase de forme cylindrique doit contenir 40 litres et avoir un diamètre égal à la hauteur. Quel est ce diamètre?

840. Un vase cylindrique contient 500 litres et sa hauteur est le triple du diamètre. Quelle est la hauteur de ce vase?

841. Le périmètre d'un hexagone régulier est de 50 m. 52, quelle est la surface du cercle circonscrit à ce polygone et celle du cercle inscrit?

842. Une des diagonales d'un losange a 17 mètres 45, le côté 15 m. 40. Quelle est la superficie de ce losange et la longueur de l'autre diagonale?

843. Extraire la racine carrée de $\dfrac{119025}{294849}$.

844. Trouver le volume et le poids d'une poutre de chêne ayant 5 m. 85 de long, et 0 m. 65 sur 0 m. 59 d'écarrissage.

845. Quel est le côté d'un carré dont la diagonale a 58 m. 75?

846. Quelle est à moins d'un dix millième près la racine carrée de 3?

847. Trouver l'arête d'un cube dont le volume est 0ᵐ 085083.

848. Calculer l'expression fractionnaire

$$\dfrac{56,582 \times \sqrt{13,8516}}{\sqrt{595,1837} \times \sqrt{485}}$$

849. Le volume d'une sphère est 3 mètres 25. Trouver la surface.

850. Quelle est longueur du périmètre d'un champ formant un carré, sachant que la superficie est 3 h. 58 a. 37 centiares?

851. Quel est le poids d'un rouleau cylindrique en bois de chêne dont le diamètre a 0 m. 35 et la longueur 2 m. 65. La densité étant 0,98.

852. La surface d'un étang est de 3 h. 58 centiares; la profondeur moyenne est de 1 m. 45. On demande combien il faudrait de temps pour vider cet étang au moyen de deux écluses dont l'une laisse échapper 3 hectol. $\frac{2}{3}$ par minute, et l'autre 4 hect. $\frac{1}{5}$?

853. Un nombre est les $\frac{2}{3}$ d'un deuxième qui est les $\frac{4}{5}$ d'un troisième, lequel est le triple de la racine carrée de 125857,35. Trouver le premier nombre.

854. Le périmètre d'un rectangle équivaut à celui d'un carré dont la surface est 148 ares 28 centiares 59 centièmes. La hauteur du rectangle égale 12 m. 39. Quelle est la surface?

855. Combien peserait un tronc de cône régulier en fer de fonte, ayant 0 m. 28 de diamètre à la grande base, 0, m. 21 à la petite, et dont le côté a 0 m. 18? La densité étant 7,207.

856. La surface d'un rectangle est de 34 ares 56 centiares. La base et la hauteur sont entre elles comme 3 est à 2. Trouver les deux dimensions?

857. Deux courriers partent de Paris et doivent suivre la même route. Le premier fait 7 lieues en 4 heures, et le second fait 9 lieues en 5 heures, mais il part 5 heures après le premier. A quelle distance de Paris le second rejoindra-t-il le premier?

858. Les $\dfrac{5}{7}$ d'une circonférence sont 14^m728.

Quel rayon a-t-on pris pour la décrire?

859. Un cylindre en laiton de 0 m. 015 millimètres de diamètre et 5 m. 75 de longueur a été passé à la filière et n'a plus que 0 m. 0015 de diamètre. Quelle est maintenant sa longueur?

860. Le litre employé pour mesurer les liquides est un vase cylindrique dont la hauteur est deux fois le diamètre de la base. Ce vase est en zinc. La densité du zinc est 7,191, et les parois ont, ainsi que le fond 0^m005 d'épaisseur. Quel est le poids du vase?

861. Un puits a 27^m75 de profondeur, le diamètre a 1^m45 et l'épaisseur des parois de la maçonnerie est de 0^m45. Quelle est la surface intérieure de la maçonnerie, la surface extérieure, et son volume en mètres cubes?

862. On a 4 tonneaux de différentes capacités. Avec le premier on remplit le deuxième, et il en reste les $\dfrac{4}{7}$; du deuxième on remplit le troisième et il en reste le $\dfrac{1}{4}$ du contenu ; avec le troisième on remplit le quatrième, enfin si on remplissait le troisième et le quatrième avec le contenu du pre-

mier il resterait encore 15 litres. Quelle est la capacité de ces 4 tonneaux ?

863. Un sac renferme 26 kil. 535 gr $\frac{20}{31}$ de monnaie de bronze, d'argent et d'or, qui y entre chacune pour la même valeur. Quelle somme contient-il ?

864. On veut tapisser 18 appartements ayant chacun une surface de 195m75 carrés. La tapisserie se vend par rouleaux de 8 m. 25 de long sur 0 m. 47 de large. Quelle sera la dépense totale, le prix du rouleau étant de 4 fr. 85 y compris la pose ?

865. Un particulier a placé une somme à un taux tel qu'après 15 mois l'intérêt et le capital formaient ensemble 9052 fr. 50 et était au bout de 4 ans 1/2, 11815. Quel est le capital primitif et le taux des intérêts ?

866. Calculer, à moins d'un millimètre près, le rayon d'un cercle dans lequel l'arc de 25 degrés 15 minutes a une longueur de 12 m. 4.

867. Un orfèvre à trois lingots d'argent; un au titre de 980 millièmes, un autre au titre de 930 mill., et le 3ᵐᵉ au titre de 820 mill. Combien doit-il fondre ensemble de kilog. de chacun de ces lingots pour faire 75 kilog. d'alliage au titre de la monnaie ?

868. Calculer à un millimètre près la circonférence dont le rayon égale la diagonale d'un carré de 0 m. 8 de côté.

869. Un peintre demande 25 fr. 50 pour donner une seule couche à un parquet de 6ᵐ75 sur 4 m. 40. Combien demandera-t-il pour don-

ner deux couches à un autre parquet de 8m50 sur 6,25, sachant que la seconde couche n'est payée que les $\dfrac{4}{5}$ du prix de la première?

870. En supposant que le méridien terrestre soit une circonférence exacte. Calculer le rayon de la terre à moins d'un kilomètre près.

871. Avec de l'or au titre de 950 mill., au titre de 920 mill., et au titre de 860 mill., on veut faire frapper un million de pièces de 20 fr. Quel nombre de kilog. doit-on prendre à chacun de ces titres pour exécuter ce travail?

872. Il y a dans une place de guerre 1500 hommes, cavaliers et fantassins; on donne à chaque cavalier 60 centimes par jour, et à chaque fantassin 35 c. La dépense de chaque jour s'élève à 598 fr. 75. Combien y a-t-il de cavaliers, combien de fantassins?

873. On demande le prix de 78 charpentes longues chacune de 4 m. 25, ayant 0 m. 15 d'épaisseur et 0 m. 28 c. de hauteur, sachant que le stère coûte 35 fr. 25. De plus, combien y a-t-il à payer pour l'achat de ce bois si l'on obtient 4 1/2 p. 0/0 d'escompte.

874. Une fontaine remplirait un bassin en 9 heures 1/4: une autre le remplirait en 7 heures 1/2, une 3me en 6 heures 2/3. On ouvre les trois robinets en même temps, en combien d'heures le bassin sera-t-il rempli. sachant qu'il y a en même temps un orifice ouvert qui peut le vider en 10 heures 3/5?

875. 4 personnes s'associent et conviennent des faits suivants : La société est fondée pour 12 ans; la 1re doit verser immédiatement 150000 fr.

la 2me 9 mois après 220000 fr.; la 3me 16 mois après la 1re 500000 fr. et la 4_me 8 mois après celle ci 130000 fr. Si elles réalisent 750000 fr. de bénéfice, quelle sera la part de chacune en raison de sa mise et du temps ?

876. Quelle est la longueur en degrés, à moins d'une seconde près, de l'arc égal au rayon ?

877. En prenant pour unité l'angle au centre correspondant à l'arc égalant le rayon, on demande à moins de $\dfrac{1}{1000}$ près, la mesure d'un arc de 356 degrés 48 minutes 15 secondes.

878. Deux négociants ont entrepris une affaire; l'un a mis 19600 et le second 15000 fr. Le premier a gagné 720 fr. de plus que le second. Combien ont-ils gagné à eux deux ?

879. Si l'on me payait ce qui m'est dû, je m'acquitterais de ce que je dois, et il me resterait une somme égale au 1/4 de ce qui m'est dû. Ma dette et ma créance montent ensemble à 12800 fr. Combien m'est-il dû ? Combien dois-je et combien me reste-t-il ?

880. Une pièce de vin de Bordeaux a coûté 296 fr. 25, elle contient 228 litres. Combien doit-on vendre la bouteille de ce vin pour gagner sur le tout 195 fr. La bouteille contient 72 centilitres.

881. Le rayon d'un cercle à 1 m. 25. On demande 1° le côté de l'octogone construit dans ce cercle ; 2° son apothême ; 3° sa surface.

882. Les diagonales d'un losange sont les $\dfrac{5}{7}$ l'une de l'autre. Le côté du losange a 12 mètres. Calculer ces diagonales.

FIN.

TRAITÉ

D'ARITHMÉTIQUE

A L'USAGE DE L'ENSEIGNEMENT PRIMAIRE

Par J.-F. BECHET

CHEF D'INSTITUTION

TROISIÈME ÉDITION

A PARIS

Chez MAUGARS, RUE STE-CROIX-DE-LA-BRETONNERIE, 30,

ET CHEZ L'AUTEUR MAITRE DE PENSION

Grande-Rue des Batignolles, N° 84.

—

1869